国家自然科学基金项目（51804102）
河南省高等学校重点科研项目（22A620002）
河南理工大学创新型科研团队项目（T2019-4）

保护层开采过程中
卸载煤体损伤及渗透性演化特征

陈海栋　陈向军／著

U0338181

中国矿业大学出版社
·徐州·

内容简介

本书主要介绍采动覆岩损伤及渗透性变化研究进展,保护层开采过程中被保护层煤体受力分析,实验设计、实验设备与实验方案,卸载过程中煤体损伤演化特征分析,卸载过程中煤体渗透性演化特征分析,卸载过程中煤体损伤对渗透性的影响,被保护层损伤煤体渗透率分布特征及其应用等方面的研究工作。

全书力求做到论述过程简单明了,内容充实新颖,结构清晰,分析深入,适宜于作为煤矿安全、煤矿瓦斯防治、多孔介质流动等相关领域研究人员的参考书。

图书在版编目(C I P)数据

保护层开采过程中卸载煤体损伤及渗透性演化特征/
陈海栋,陈向军著. —徐州:中国矿业大学出版社,
2022.7

ISBN 978 - 7 - 5646 - 5481 - 8

Ⅰ. ①保… Ⅱ. ①陈… ②陈… Ⅲ. ①煤层—地下采
煤—研究 Ⅳ. ①TD823.2

中国版本图书馆 CIP 数据核字(2022)第 122110 号

书　　名	保护层开采过程中卸载煤体损伤及渗透性演化特征
著　　者	陈海栋　陈向军
责任编辑	王美柱
出版发行	中国矿业大学出版社有限责任公司
	(江苏省徐州市解放南路　邮编 221008)
营销热线	(0516)83884103　83885105
出版服务	(0516)83995789　83884920
网　　址	http://www.cumtp.com　**E-mail**:cumtpvip@cumtp.com
印　　刷	江苏淮阴新华印务有限公司
开　　本	787 mm×1092 mm　1/16　**印张** 6.5　**字数** 166 千字
版次印次	2022 年 7 月第 1 版　2022 年 7 月第 1 次印刷
定　　价	38.00 元

(图书出现印装质量问题,本社负责调换)

前　言

　　"多煤、少油、缺气"的能源结构特点决定了煤炭将在我国工业生产中持续发挥重要作用。中国煤炭资源高效回收及节能战略研究显示,到 2050 年我国的煤炭产量依然维持在 30 亿 t,煤炭的主体能源地位在短期内不会发生太大的变化。在煤炭生产过程中,由于管理、技术等方面的原因,瓦斯事故时有发生。在所有的瓦斯事故中,煤与瓦斯突出事故所占比例虽然有所波动,但所占比例均较大,介于 20％～50％之间,煤与瓦斯突出事故仍是威胁我国煤矿安全生产的重要因素。

　　多年的煤矿开采实践表明,对煤与瓦斯突出煤层进行瓦斯抽采是消除煤与瓦斯突出事故有效的手段。然而,我国多数煤矿地质条件复杂,煤层渗透率低,瓦斯抽采难,为了实现对煤层的抽采达标,必须采取一些增透措施对煤层进行改性,使难以抽采煤层变为可以抽采煤层或容易抽采煤层,从而达到需要的抽采效果。

　　在所有的煤层增透措施中,保护层开采是最有效的消除煤层煤与瓦斯突出危险性的措施。保护层开采后,被保护层煤体的地应力会降低;通过对被保护层卸压瓦斯进行抽采,被保护层煤体内的瓦斯储能会大幅降低;同时,瓦斯压力降低后,被保护层煤体的强度也会增大。因此,开采保护层可有效消除被保护层煤体的突出潜能。

　　作者多年来一直从事矿井瓦斯防治的研究工作,在煤层增透技术与消突技术方面取得了一些研究成果,在此基础上撰写了本书。本书内容共分为七个章节,由绪论,保护层开采过程中被保护层煤体受力分析,实验设计、实验设备与实验方案,卸载过程中煤体损伤演化特征分析,卸载过程中煤体渗透性演化特征分析,卸载过程中煤体损伤对渗透性的影响,被保护层损伤煤体渗透率分布特征及其应用等部分构成。在内容上,首先对采动覆岩损伤及渗透性变化、卸载实验、煤岩损伤、煤岩渗透性实验研究现状进行了论述;然后,采用 FLAC3D 数值模拟软件分析了保护层开采过程中被保护层煤体三向应力时空演化规律,并由此确定了实验室实验的加卸载力学路径;随后,设计了实验室实验方案;之后,分别采用 CT 实时检测系统与煤岩应力-渗透耦合仪开展了卸载路径下煤体损伤与渗透性演化实验,并根据实验结果分析了卸载过程中煤体损伤对渗透性的影响;最后,将研究成果应用于工程实际,对被保护层煤体卸压抽采钻孔的布孔方式进行了优化。

　　作者多年来的科研工作得到了程远平教授、王兆丰研究员等的指导和帮助,衷心向他们表示感谢! 感谢国家自然科学基金项目(51804102)、河南省高等学校重点科研项目(22A620002)、河南理工大学创新型科研团队项目(T2019-4)的资助!

　　由于作者水平所限,书中疏漏和不当之处在所难免,敬请读者批评指正。

著　者

2022 年 5 月于河南理工大学

目　　录

第1章 绪 论

1.1 研究背景及意义

1.1.1 研究背景

"多煤、少油、缺气"的能源结构特点决定了煤炭将在我国工业生产中持续发挥重要作用。中国煤炭资源高效回收及节能战略研究显示,到 2050 年我国的煤炭产量依然维持在 30 亿 t,煤炭的主体能源地位在短期内不会发生太大的变化。

瓦斯是与煤共生的一种气体,煤层中的瓦斯有两种赋存状态,即吸附态和游离态。通常情况下,吸附瓦斯量占煤层总瓦斯含量的 80%~90%,游离瓦斯量占煤层总瓦斯含量的 10%~20%[1]。在地下煤炭开采过程中,由于受采动卸压作用,大量吸附态的瓦斯逐渐转化为游离态而涌向掘进工作面或采煤工作面。工作面涌出的瓦斯可造成瓦斯爆炸、瓦斯燃烧、煤与瓦斯突出、中毒窒息等事故。2006—2011 年我国煤矿瓦斯事故统计结果如图 1-1 所示(扫描右侧二维码获取彩图,下同)。

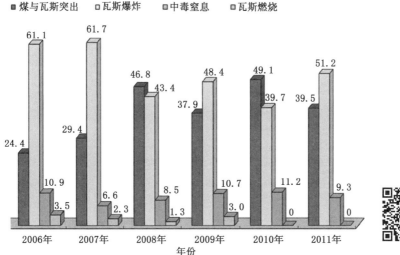

图 1-1 2006—2011 年我国煤矿瓦斯事故情况(单位:%)

根据图 1-1,2006—2011 年的煤矿瓦斯事故中,煤与瓦斯突出事故占总瓦斯事故的比例虽然有所波动,但所占比例均较大,介于 24.4%~49.1%之间,煤与瓦斯突出事故仍是威胁我国煤矿安全生产的重要因素。

中国多数矿区具有煤层群赋存、渗透性低、瓦斯压力大、地应力高等特点,多年的现场工程实践及理论研究表明,开采保护层是最有效、最经济的防治煤与瓦斯突出措施[2-4]。保护层开采的区域防突措施避免了长期与突出危险煤层"短兵相接",提升了防治煤与瓦斯突出措施的可靠性和安全性。

我国《煤矿安全规程》[5]第一百九十一条规定:"突出煤层突出危险区必须采取区域防突措施,严禁在区域防突措施效果未达到要求的区域进行采掘作业。"第二百零四条规定:"具备开采保护层条件的突出危险区,必须开采保护层。"第二百零八条规定:"开采保护层时,应当同时抽采被保护层和邻近层的瓦斯"。2019年实施的《防治煤与瓦斯突出细则》提出防突工作必须坚持"区域防突措施先行、局部防突措施补充"的原则,且明确提出区域防突措施应当优先采用保护层开采技术[6]。因此,在现有技术条件下,开采保护层成为有效防治煤与瓦斯突出的首选技术,对保障煤与瓦斯突出危险煤层的安全高效开采具有重要的现实意义。

到目前为止,保护层开采区域防突措施在我国很多矿区都已得到普遍应用,如表1-1所示。

表1-1 保护层开采试验矿井

矿井名称	保护层名称	被保护层名称	层间距/m	保护层类型	备注
中梁山南矿	2	1	5	下保护层	于不凡[4]
天府磨心坡矿	7	9	23	上保护层	
天府刘家沟矿	2	9	85	上保护层	
南桐鱼田堡矿	6	4	36	下保护层	
南桐一井	5	4	36	下保护层	
松藻一井	10	8	21	下保护层	
北票台吉一井	2	3	22	上保护层	
北票冠山二井	3A	4(1/2)	60	上保护层	
水城老鹰山矿	8	11	21	上保护层	
淮南新庄孜矿	B_8	B_6	23	上保护层	
淮南潘三矿	B_{11}	C_{13}	72	下保护层	
淮南谢一矿	B_9	B_{11}	70	下保护层	
淮南李一矿	C_{15}	C_{13}	13	上保护层	
六枝地宗矿	3	7	3~473	上保护层	
涟邵立新蛇形山井	1上	3中	35	上保护层	
鸡西滴道四井	19	20	17	下保护层	
淮南潘一矿	B_{11}	C_{13}	67	下保护层	程远平等[7]
沈阳红菱矿	11	12	16	上保护层	王海锋[8]
郑州崔庙矿	一9	二1	18.5	上保护层	刘海波等[9]
淮北海孜矿	10	7、8、9	84	下保护层	王亮[10]
阳泉新景矿	15	3	117.7	下保护层	刘洪永[11]
窑街海石湾矿	煤一层	煤二层	50	上保护层	李伟等[12]
淮北祁南矿	6	7	40	上保护层	练友红[13]
新疆乌兰矿	7、8	2、3	80	下保护层	高峰等[14]
南桐东林矿	K_6	K_4	38	上保护层	胡国忠等[15]
平煤五矿	己15	己16、己17	9	上保护层	张拥军等[16]

近年来,有关保护层开采理论体系的研究已取得了建设性的成果,使用保护层开采区域防突措施后,多数矿区的百万吨死亡率明显降低。但从现场的应用效果来看,该技术还存在一定的问题,如峰峰集团大淑村煤矿 2007 年 4 月 19 日发生的煤与瓦斯突出事故,就是被保护层掘进工作面进入了保护层开采留设煤柱形成的应力集中区内,且对突出危险性增大认识不足而造成的。另外,四川某煤矿,也采用保护层开采技术治理煤层瓦斯,在工作面回采过程中发生了突出,经分析,原因是保护层开采过程中对被保护层卸压瓦斯抽采不足,且保护层开采几年之后才开采被保护层工作面,被保护层工作面应力得到了重新恢复,在残留瓦斯的共同作用下发生了煤与瓦斯突出。

保护层开采技术存在的问题暴露了其理论研究尚存在不足,制约了煤矿的安全高效开采。因此,需要对保护层开采相关理论做进一步研究,为煤矿的安全高效开采提供理论支撑和技术支持。

1.1.2 研究意义

到目前为止,关于保护层开采理论的研究主要偏重于通过现场原位试验、数值模拟、相似模拟等研究手段来进行,通过这些研究得到的成果很好地说明了保护层开采后覆岩的"三带"分布情况、覆岩裂隙场的演化规律、透气性系数的变化等,且对现场实际有很好的指导作用,但是这些研究往往得到的是宏观的现象或规律,缺乏关于保护层开采过程中被保护层卸载煤体内部损伤及渗透性演化特征的研究,这导致研究保护层开采时提出的"卸压增透效应"缺乏深层次的理论支撑。

被保护层卸压瓦斯抽采的方法主要有底板岩巷网格式上向穿层钻孔抽采、地面钻井抽采两种,如图 1-2 和图 1-3 所示。

图 1-2 底板岩巷网格式上向穿层钻孔抽采被保护层卸压瓦斯示意

抽采被保护层卸压瓦斯最常用的措施是底板岩巷网格式上向穿层钻孔抽采。该方法的最大优点是瓦斯抽采可靠性较高,被保护层卸压后,煤层中大量的吸附瓦斯开始非稳态解吸,在一定的抽采负压下,解吸瓦斯就能及时地从钻孔中被抽出,煤层瓦斯含量随即下降,不

图 1-3　地面钻井抽采被保护层卸压瓦斯示意

会出现抽采方法不当而造成卸压瓦斯无法顺利抽出的情况。另外,还可以根据钻孔的抽采需要在钻场内补打钻孔,满足卸压瓦斯抽采的要求。同时,对被保护层工作面的保护效果和保护边界进行考察时也较方便。然而,到目前为止,底板岩巷网格式上向穿层钻孔抽采被保护层卸压瓦斯的钻孔布孔方式主要依靠瓦斯治理经验,缺乏被保护层布孔方式设计的相关理论支撑。

　　由于煤体具有各向异性(节理、层理、裂隙系统差异较大)和现有实验设备的局限,目前有关煤体卸载实验主要单方面研究卸载过程中煤体渗透性的变化或损伤演化,均没有将卸载过程中煤体损伤和渗透性的演化相结合进行研究,且研究的卸载力学路径主要以固定轴压卸载围压为主,而对轴压、围压同时卸载路径下的损伤、渗透性研究鲜见报道。

　　因此,针对保护层开采理论技术、煤体卸载实验研究等方面存在的不足,需要开展保护层开采过程中被保护层卸载煤体损伤及渗透性演化特征方面的研究。

1.2　国内外研究现状

1.2.1　采动覆(伏)岩损伤及渗透性变化研究现状

　　自 1933 年法国最先使用保护层开采技术措施防治煤与瓦斯突出以来,该技术已在许多国家得到了推广。1958 年至今,我国分别在北票、天府、南桐、中梁山、松藻、西山、华晋、铁法、淮北、淮南等矿区进行了保护层开采的现场试验工作,并取得了显著成果,实现了这些矿区突出煤层群的安全高效开采;而且通过对保护层研究成果的集成,2008 年,原国家煤矿安全监察局颁布了《保护层开采技术规范》(AQ 1050—2008)[17]。

　　保护层开采后,由于卸压程度不同和损伤的差异性,上覆煤岩层可划分为垮落带、裂缝带、弯曲下沉带[18-19]。围绕不同的保护层开采条件,王海锋[8]、刘洪永[11]、王亮[10]、刘海波等[9]研究了上保护层开采、远距离下保护层开采、巨厚火成岩下远程下保护层开采、极薄保护层开采过程中被保护层"三带"演化规律及透气性变化规律。钱鸣高等[20]对上覆岩层采动裂隙分布特征进行了研究,提出了采场覆岩裂隙分布的"O"形圈理论。V. Palchik[21]采用现场原位试验研究了长壁开采过程中裂缝带的形成过程和范围。刘泽功等[22]对采场上覆岩层中裂隙分布特征进行了研究。赵保太等[23]得出了三软不稳定煤层覆岩裂隙场演化规律,认为覆岩离层裂隙发展较快,断裂裂隙总是位于采空区两端工作面和开切眼上方且呈梯形分布。杨科等[24]研究了不同采高条件下覆岩裂隙分布及其演化特征,认为不同采高条件下覆岩垮落角变化不大,随工作面推进覆岩采动裂隙表现为"∩"形高帽状、前低后高驼峰状、前后基本持平驼峰状、前高后低的驼峰状四阶段演化特征。孙凯民等[25]研究了采场上覆岩层中裂隙特征,分析了采空区顶板产生裂隙、断裂、垮落和离层的情况及其变化规律。林海飞等[26]为研究采动裂隙演化规律及形态提出了"采动裂隙圆角矩形梯台带"工程简化模型,分析了覆岩裂隙动态演化过程。H. Guo 等[27]、Y. K. Liu 等[28]研究了煤层群赋存条件下长壁开采引起的覆岩应力及透气性变化特征。

涂敏[29]通过建立的采动岩体力学模型,采用数值模拟手段研究了覆岩裂隙发育高度,并利用最小二乘法原理对采动岩体裂隙发育高度的实测数据进行拟合计算,得出了垮落带、导水裂缝带高度的理论计算式。王国艳等[30]采用 RFPA 数值模拟软件同时结合分形理论研究得出,开采末期,采动岩体裂隙分形维数随初始损伤的增加而呈线性增加;回采结束时,初始损伤量越大,采动岩体裂隙分布的分形维数越大。张玉军等[31-32]采用钻孔冲洗液漏失量观测方法、钻孔彩色电视系统得出了原生裂隙场大多发育横向微裂隙,采动岩体裂隙发育纵横交错的相交裂缝,以高角度纵向裂缝为主,且随着距煤层顶板距离减小,逐步向破碎型裂缝发展的结论。

A. Majdi 等[33]基于工程实际,通过理论推导,建立了长壁工作面顶板卸压区高度的数学模型。T. H. Yang 等[34]提出了考虑应力、损伤、气体流动的采动煤岩体变形与瓦斯流动的固气耦合模型,并把模型应用于现场工程实际。弓培林等[35]通过对煤样的压裂实验及利用分形理论分析了煤样的裂隙演化规律,认为在数值分析时可以用裂隙分形值对力学参数进行修正。于广明等[36]、李振华等[37]等通过相似模拟实验结合分形几何理论研究了采动覆岩裂隙分布的自相似规律,认为采动岩体裂隙分布具有分形特征,分形维数可以综合描述采动岩体裂隙化程度,且随着采宽的增加,采动岩体分形裂隙网络出现升维现象。

综上所述,保护层开采后,覆岩出现损伤,裂隙场发生改变,透气性系数增加。有关学者对部分保护层开采后被保护层的透气性系数进行了整理,透气性系数增加可达上百倍至上千倍,如表 1-2 所示。

表 1-2 保护层开采后被保护层透气性系数变化情况[7-9,12,16]

矿井名称	保护层名称	保护层原始瓦斯压力/MPa	保护层厚度/m	被保护层名称	保护层类型	层间距/m	开采保护层后被保护层透气性系数增大倍数
淮南潘一矿	B_{11}	4.8	2.0	C_{13}	下保护层	67	2 880
沈阳红菱矿	11	6.5	0.4	12	上保护层	16	1 010
平煤五矿	己$_{15}$	2.1	1.54	己$_{16}$,己$_{17}$	上保护层	9	2 500

表 1-2（续）

矿井名称	保护层名称	保护层原始瓦斯压力/MPa	保护层厚度/m	被保护层名称	保护层类型	层间距/m	开采保护层后被保护层透气性系数增大倍数
郑州崔庙矿	一₉	0.75	0.3	二₁	上保护层	18.5	403
淮南李二矿	B₉	0.8	1.7	B₈	上保护层	11.4	130
窑街海石湾矿	煤一层	7.3	4.14	煤二层	上保护层	50	878

综上所述，目前对采动煤岩体损伤、透气性变化的研究主要偏重于现场试验、理论分析等研究手段，得到的规律以宏观现象和数据为主，而通过实验室力学实验配套其他相关实验进行的研究还相对较少。实验室实验成本较低、周期较短，而且获得的实验结果往往是其他方法无法获得的。因此，随着对采动覆岩损伤、透气性变化研究的深入，我们应开展这方面的实验研究。

1.2.2 卸载实验研究现状

自中国长江三峡工程开发总公司原总工程师哈秋舲教授等提出"卸荷岩体力学"[38-40]以来，不同的学者分别采用卸载实验来研究卸载状态下岩石的强度特征、变形破坏特征、破坏形式等，普遍证实了加、卸载不同力学路径下煤岩体的力学性质有着本质的区别[41-42]。

由于工程开挖的影响，在应力扰动的作用下，煤岩体原有的力学平衡状态被打破，应力场发生改变。从不同的工程背景出发，国内外学者进行了大量关于不同岩石的卸载实验研究。

在大理岩卸载实验研究方面，邱士利等[43]采用恒轴压卸围压的卸载力学路径研究了深埋大理岩在不同卸围压速率下的力学特性，研究发现卸围压速率对大理岩的轴向变形和扩容过程影响显著，且主要由初始围压水平控制，同时认为，卸围压实验扩容过程与常规三轴压缩实验峰前阶段的扩容演化规律存在显著差异。吴玉山等[44]采用轴压围压同时卸载、增轴压卸围压的卸荷力学路径对大理岩卸载力学特性进行了研究，认为加、卸荷对岩体强度影响不明显，而对变形特性影响显著，同时提出应根据岩体工程的真实力学路径采取相应的加卸载方式来获得其力学参数。李宏哲等[45]采用轴压不变卸围压且破坏前轴压采用应力控制而破坏后轴压采用位移控制的卸载方式研究了大理岩在高应力条件下的卸载力学特性，得出了在相同初始应力条件下，岩石达到卸载破坏所需应力变化量比轴向压缩破坏时要小，卸载更容易导致岩石破坏的结论，且发现岩石卸载开始后侧向变形明显加快，表现出显著扩容。

在砂岩卸载实验研究方面，尹光志等[46]利用真三轴试验机采用保持最大主应力不变同时减小中间主应力与最小主应力的卸载力学路径对砂岩进行了卸载实验研究，得出了岩石强度与力学路径有关的结论，同时认为应根据实际工程的应力变化对岩石的强度特征进行研究。安泰龙等[47]采用轴压不变以不同卸载速率卸载围压的卸载方式研究了卸载速率对砂岩强度的影响，得出了卸围压过程中试样变形以环向变形为主，且卸载速率越快，岩石强度越低，越容易失稳破坏的结论。吴刚[48]基于岩体开挖的卸载特性建立了卸载岩体的本构模型，并把模型应用于工程实际。

在花岗岩卸载实验研究方面,J. L. Miao 等[49]采用保持其他两个主应力不变卸载另外一个主应力的卸载路径研究了真三轴卸载条件下花岗岩的破坏特征。陶履彬等[50]利用轴压不变卸围压的卸载路径研究了三峡工程花岗岩卸载全过程的变形及强度特性。研究发现,在三向应力条件下,卸围压也能导致岩石破坏,且岩石卸载破坏与卸围压速率有关。黄润秋等[51]基于岩石试件的卸载实验研究了卸载条件下应力-应变曲线及破裂特征,认为卸载过程中花岗岩在卸荷方向会出现回弹变形强烈、扩容显著、脆性破坏的特征,且卸载条件下岩石破坏具有较强的张性破裂特征,各种级别的张裂隙发育,其剪性破裂面追随张拉裂隙发展,同时建立了岩石卸荷破坏的本构模型。吕颖慧等[52]基于花岗岩的卸载实验研究了其损伤变形特征及强度准则。何江达等[53]基于岩体开挖的卸载特性,建立了卸载岩体的本构模型,并把模型应用于工程实际。

在玄武岩卸载实验研究方面,沈军辉等[54]在卸载实验的基础上结合大型开挖工程研究了玄武岩在卸载条件下的变形破裂特征。李天斌等[55]采用不同的卸载应力路径研究了玄武岩的变形破裂特征。

在其他非煤岩石卸载实验研究方面,王在泉等[56]对灰岩试样在加轴压、卸围压力学路径下的变形特征和力学参数进行了研究,认为岩样卸载破坏是沿卸荷方向的强烈扩容所致,随着卸荷速度的增加,岩样的破坏特征从主剪切破坏、共轭剪切破坏逐渐变为劈裂加剪切破坏;在相同的卸载初始围压下,卸围压速度越快,岩样破坏的应力差越小;在相同的卸荷速度下,随着卸载初始围压的增加,岩样破坏的应力差逐渐增加。吴刚等[57]采用真三轴试验机研究了不同卸载应力路径下裂隙岩体的变形和强度特性,研究发现卸载与加载一样均可导致岩体的破坏失稳,其变形和强度特征与加、卸载历史密切相关,且发现岩体在加、卸载力学路径下都要经历压缩和膨胀的过程,而岩体卸载必然引起扩容。张宏博等[58]采用加载轴压、卸载围压的力学路径研究了卸载条件下凝灰岩的力学特性。H. Q. Xie 等[59]基于硐室开挖的工程背景采用真三轴实验研究了岩体的卸载特性。

在煤体卸载实验研究方面,祝捷等[60]研究了轴向加载、径向卸载力学路径下渗透率的变化特点,并得到了一些有价值的研究成果。尹光志等[61]、吕有厂等[62]研究了不同卸围压速度对含瓦斯煤力学特性及渗透特性的影响,认为卸围压速度越快,煤体越容易发生破坏,且卸围压开始后,渗透率与时间呈指数函数关系变化。蒋长宝等[63-64]研究了卸围压过程中煤岩变形特征和渗透特征,得出了围压对煤岩变形和渗透性有密切影响的结论。赵洪宝等[65]、黄启翔等[66]研究了固定轴向应变、固定轴压卸围压过程中煤岩力学性质、渗透率的变化特征。刘保县等[67]、苏承东等[68]等通过声发射实验研究了卸围压过程中煤岩的损伤特性,认为煤岩卸载脆性破坏特征显著,同时具备突发性,多呈张剪复合型破坏形式,且认为损伤是呈阶段性发展的。尹光志等[69]进行了含瓦斯煤卸围压的蠕变实验,并提出了理论研究模型。邓涛[70]系统地研究了含瓦斯煤卸围压时各力学参数对渗透性的影响。何峰等[71]建立了卸围压过程中煤岩蠕变与渗透性的模型。

综上所述,目前关于卸载实验的研究以非煤岩石为主,而对煤岩的卸载实验研究相对较少。另外,对煤岩卸载实验的研究也主要单方面研究煤岩的力学性质、损伤特性、渗透性等,而以保护层开采为背景把被保护层卸载煤体的损伤与渗透性相结合的卸载实验研究鲜见报道;同时,选择的卸载路径主要以固定轴压卸载围压为主,对轴压围压同时卸载的力学路径研究鲜见报道。

1.2.3 煤岩损伤研究现状

岩石材料的破坏主要是由于其内部的微裂纹和微缺陷在各种不同的载荷作用下产生损伤,随着损伤的不断演化,裂纹发展合并,到一定程度后发生破坏。除采用损伤力学、断裂力学等理论结合岩石力学实验进行煤岩的损伤演化研究外,国内外学者研究岩石损伤主要通过玻璃、类岩石材料(石膏)、声发射技术、CT 检测技术、核磁共振等材料和手段进行。

CT 检测技术:CT 是英文 computer tomography 的简称,CT 检测技术是目前岩石力学、岩土力学领域普遍应用的新兴的检测技术。CT 检测技术可以无损、实时地检测载荷作用下岩石或岩土内部结构、裂隙/裂纹等的变化状况,与其他检测手段相比,有着无可比拟的优点[72-74]。近些年来,CT 检测技术已广泛应用于岩石力学、岩土力学领域。20 世纪 90 年代,杨更社等[75-79]就采用 CT 扫描实验研究岩石的损伤特性,并建立了 CT 值与损伤变量之间的定量关系。随后,葛修润等[80]、任建喜等[81-82]、尹小涛等[83]、程展林等[84]、X. P. Zhou 等[85]、X. T. Feng 等[86]、李廷春等[87]、丁卫华等[88]、毛灵涛等[89]、刘小红等[90]、仵彦卿等[91]通过 CT 扫描实验研究了不同岩石在单轴压缩、三轴压缩、卸围压等力学路径下的损伤特性。此外,J. D. N. Pone 等[92]利用 CT 检测技术研究了烟煤吸附 CO_2 后应变分布特征。S. Mazumder等[93]采用 CT 检测技术研究了煤样的裂隙空间及宽度。C. Ö. Karacan 等[94]采用 CT 检测技术研究了煤体吸附和运移瓦斯气体过程中其细观结构变化特征。Y. B. Yao 等[95]采用 CT 检测技术研究了煤体的非连续特性。

玻璃、类岩石材料:由于玻璃、石膏等材料可视化效果较好,通过这些材料可以很好地观测到预制裂纹的成核、扩展以及合并过程。R. H. C. Wong 等[96]、A. Bobet 等[97]、M. Sagong 等[98]、L. L. jr Mishnaevsky 等[99]、M. F. Ashby 等[100]、H. Horii 等[101]、C. H. Park 等[102]、L. N. Y. Wong 等[103]采用玻璃、石膏等类岩石材料通过内置裂隙的方法研究了载荷作用下单个裂隙的发育特征,即在裂隙端部先产生翼裂隙再产生次级裂隙,同时得出了多个裂隙在不同岩桥、不同倾角的情况下的多种合并形式。

声发射技术:声发射现象是指岩石等材料内部局部区域在外界载荷或温度的作用下,随着能量的快速释放而出现的瞬态弹性波现象。D. Lockner[104]、W. Blake[105]、李庶林等[106]、纪洪广等[107]、王恩元等[108]、赵洪宝等[109]、刘向峰等[110]、吴刚等[111]、徐涛等[112]、文光才等[113]、杨永杰[114]、刘保县等[115]、李东印等[116]、高保彬[117]、来兴平等[118]研究了不同应力路径下岩石的声发射特征。

其他:X. T. Feng 等[119]采用高清晰摄像机及在砂岩内内置裂纹的方法研究了应力、渗流、化学侵蚀作用下裂隙的发育特征。唐春安等[120]利用 RFPA 数值模拟软件研究了岩石介质中多裂纹扩展相互作用及其贯通机制。谢和平等[121]利用分形的方法研究了大理岩孔隙演化特征。石强等[122]等采用核磁共振的方法研究了煤体内部裂隙特征。

综上所述,综合上述材料损伤实验的研究方法,进行煤岩卸载实验时,我们应优先选择 CT 实时检测实验和声发射实验。由于声发射对环境噪声要求较高,而实验时压力机等产生的噪声很难避免,因此,CT 实时检测实验是最好的能观测加载作用下煤岩损伤特性的方法。

1.2.4 煤岩渗透性实验研究现状

地下水防治、煤矿井下瓦斯抽采、核废料处置、石油开采、煤层气开采等许多工程实践问题都涉及煤岩体在不同应力状况下渗透性的研究,正确地掌握这些工程条件下渗透性的变化特征具有重要的意义。

很多学者进行了煤岩渗透性方面的研究。孙培德[123]、S. Harpalani 等[124]、谭学术等[125]、刘静波等[126]、张金才等[127]、S. J. Peng 等[128]、石必明等[129]、杨天鸿等[130]、W. H. Somerton 等[131]、李树刚等[132]、尹光志等[133]、赵阳升等[134]、李顺才等[135]、杨永杰等[136]、曹树刚等[137]、S. Durucan 等[138]、陈祖安等[139]、S. G. Wang 等[140]、V. V. Khodot[141]、S. Harpalani 等[142]、R. A. Mercer等[143]、M. B. D. Aguado 等[144]、D. Jasinge 等[145-146]、张东明等[147]、袁梅等[148]、胡国忠等[149]、蒋长宝等[150]对不同作用下变形破坏过程煤岩的渗透性进行了大量的研究。M. S. A. Perera等[151]研究了温度对渗透性的影响。P. Q. Huy 等[152]研究了渗透性与裂隙宽度的关系。胡耀青等[153]研究了渗透性与分形维数的关系。李祥春等[154]研究了煤吸附膨胀变形与孔隙率、渗透率的关系。涂敏等[155]对受采动影响的被保护层煤样进行了渗透性实验,研究了卸压开采造成的煤岩损伤后渗透性的变化规律。

渗透性模型是进行渗透性预测、工程设计等的依据。以煤体应变或应力为研究基础,很多学者通过理论和实验研究提出了许多煤体渗透性模型。

I. Gray[156]首先提出了煤体渗透性模型,该模型综合考虑了地应力与吸附/解吸瓦斯引起的膨胀/收缩应力,其表达式为:

$$\sigma_h^e - \sigma_{h0}^e = -\frac{\nu}{1-\nu}(p-p_0) + \frac{E}{1-\nu}\frac{\Delta\varepsilon_s}{\Delta p_s}\Delta p_s \tag{1-1}$$

式中　σ_h^e ——有效水平应力,MPa;

　　　σ_{h0}^e ——初始有效水平应力,MPa;

　　　ν ——泊松比,%;

　　　p ——吸附平衡压力,MPa;

　　　p_0 ——初始吸附平衡压力,MPa;

　　　E ——弹性模量,GPa;

　　　Δp_s ——吸附平衡压力的改变量,MPa;

　　　$\dfrac{\Delta\varepsilon_s}{\Delta p_s}$ ——单位吸附平衡压力的改变引起的单位应变的改变量,MPa^{-1}。

随后,W. K. Sawyer 等[157-158]提出了渗透率模型,其表达式为:

$$\left.\begin{aligned}\varphi &= \varphi_0[1+c_p(p-p_0)] - c_m(1-\varphi_0)\frac{\Delta p_0}{\Delta c_0}(m-m_0)\\[2mm]\frac{k}{k_0} &= \left(\frac{\varphi}{\varphi_0}\right)^3\end{aligned}\right\} \tag{1-2}$$

式中　φ ——孔隙率,%;

　　　φ_0 ——初始孔隙率,%;

　　　c_p ——孔隙压缩系数,MPa^{-1};

　　　c_m ——基质压缩系数,MPa^{-1};

　　　m ——煤层瓦斯含量,m³/t;

　　　m_0 ——初始煤层瓦斯含量,m³/t;

　　　$\dfrac{\Delta p_0}{\Delta c_0}$ ——瓦斯含量与基质压缩量之间的比例系数;

　　　k ——渗透率,mD;

k_0 ——初始渗透率，mD。

林柏泉等[159]基于长方柱煤样研究了围压加卸载过程中煤体渗透率的变化规律，研究发现围压加载时，渗透率与围压呈指数函数关系，即

$$k = a e^{-b\sigma} \tag{1-3}$$

围压卸载时，渗透率与围压呈幂函数关系，即

$$k = k_0 e^{-c\sigma} \tag{1-4}$$

式中　a, b, c, k_0 ——拟合系数；

　　　　σ ——围压，MPa。

靳钟铭等[160]通过对长方柱煤样进行渗透率实验得出了渗透率与轴压的关系：

$$k = a_1 e^{-b_1 \sigma_1} \tag{1-5}$$

渗透率与侧压的关系：

$$k = a_2 e^{-b_2 \sigma_2} \tag{1-6}$$

渗透率与瓦斯压力的关系：

$$k = c_0 - c_1 p - c_2 p^2 \tag{1-7}$$

式中　$a_1, b_1, a_2, b_2, c_0, c_1, c_2$ ——拟合系数；

　　　　σ_1 ——轴压，MPa；

　　　　σ_2 ——侧压，MPa。

I. Palmer 等[161]在假设单轴应变条件和固定垂直应力的情况下提出了"PM"模型，该模型的表达式为：

$$\left. \begin{aligned} \varphi &= \varphi_0 \left[1 - c_m (p - p_0) \right] + c_1 \left(\frac{K}{M} - 1 \right) \left[\frac{Bp}{1 + Bp} - \frac{Bp_0}{1 + Bp_0} \right] \\ \frac{k}{k_0} &= \left(\frac{\varphi}{\varphi_0} \right)^3 \end{aligned} \right\} \tag{1-8}$$

式中　c_1, B ——拟合系数；

　　　　K ——体积模量，MPa；

　　　　M ——拉梅常数，$M = \dfrac{E(1-\nu)}{(1+\nu)(1-2\nu)}$。

胡耀青等[162]基于长方柱煤样研究了渗透性与体积应力、瓦斯压力之间的关系，即

$$k = A \exp(B_t \Theta - C_t p + D_t p^2 \Theta^{-1.5}) \tag{1-9}$$

式中　k ——渗透率，mD；

　　　　p ——瓦斯压力，MPa；

　　　　Θ ——体积应力，MPa；

　　　　A, B_t, C_t, D_t ——拟合系数。

J. Q. Shi 等[163-164]在假设单轴应变条件和固定垂直应力的情况下提出了"SD"模型，其表达式为：

$$\left. \begin{aligned} k &= k_0 \exp \{ -3c_f [\sigma_h - \sigma_{h0} - (p - p_0)] \} \\ \sigma_h^e - \sigma_{h0}^e &= -\frac{\nu}{1-\nu}(p - p_0) + \frac{E\varepsilon_s}{3(1-\nu)} \end{aligned} \right\} \tag{1-10}$$

式中　c_f ——裂隙压缩因子，MPa^{-1}；

　　　　ε_s ——吸附瓦斯引起的体积膨胀应变；

σ_h ——水平应力,MPa;

σ_{h0} ——初始水平应力,MPa。

X. J. Cui 等[165-166] 在假定地应力不变且为单轴应变条件下提出了"CB"模型,其表达式为:

$$
\left.
\begin{aligned}
\varphi &= \varphi_0 + \frac{(1-2\nu)(1+\nu)}{E(1-\nu)}(p-p_0) - \frac{2}{3}\left(\frac{1-2\nu}{1-\nu}\right)(\varepsilon_s - \varepsilon_{s0}) \\
\frac{k}{k_0} &= \left(\frac{\varphi}{\varphi_0}\right)^3
\end{aligned}
\right\}
\qquad (1\text{-}11)
$$

式中 ε_{s0} ——初始瓦斯压力条件下吸附瓦斯引起的体积膨胀应变。

T. H. Yang 等[34] 给出了损伤变量与渗透率之间的关系,其表达式为:

$$
k = \begin{cases}
k_0 \mathrm{e}^{-\beta(\sigma_3 - \alpha p)} & D = 0 \\
\xi k_0 \mathrm{e}^{-\beta(\sigma_3 - \alpha p)} & 0 < D < 1 \\
\xi' k_0 \mathrm{e}^{-\beta(\sigma_3 - p)} & D = 1
\end{cases}
\qquad (1\text{-}12)
$$

式中 D ——损伤变量;

  β,ξ,ξ' ——拟合系数;

  σ_3 ——侧压,MPa。

1.3 存在的问题

通过文献综述可知,有关卸载煤岩体的研究还存在如下问题:

(1)到目前为止,有关保护层开采的研究主要从工程背景出发,通过相似模拟、数值模拟、现场试验研究被保护层的移动变形情况、裂隙场的演化情况及透气性系数的变化情况,缺乏从细观、微观角度出发,获得卸载煤体损伤、渗透性变化的研究,因而不能从更深层次上分析保护层开采带来的"卸压增透效应"。

(2)关于非煤岩石的卸载实验主要以水利工程、水电工程为背景进行研究,而以被保护层开采为背景,覆(伏)岩在卸载条件下的力学性质、损伤演化规律、渗透性演化规律研究鲜见报道。

(3)由于煤的非均质性,且考虑实验设备的局限性,目前煤体卸载实验主要以单方面研究卸载过程中煤体损伤特性、渗透特性为主,而对煤体损伤与渗透性变化相互耦合作用的研究鲜见报道;另外,关于煤体卸载实验的研究以固定轴压卸载围压为主,而以保护层开采过程中被保护层实际受力过程为力学路径的卸载实验鲜见报道。

综上所述,考虑目前卸载煤岩体的研究现状,本书主要从细观角度,依据保护层开采过程中被保护层煤体实际受力状况,研究卸载煤体的损伤演化与渗透性演化特征。

1.4 主要研究内容和思路

1.4.1 主要研究内容

(1)实验力学路径的选择

采用数值模拟方法,分析潘一矿保护层开采过程中被保护层三向应力时空演化规律,进而根据被保护层煤体实际的受力过程,选择实验室进行卸载煤体损伤、渗透性演化特征研究的卸载力学路径(固定轴向位移卸围压、固定差应力卸围压)。

(2)卸载过程中煤体损伤演化特征研究

运用卸荷力学、损伤力学理论,以保护层开采过程中被保护层煤体实际受力过程为基础,通过对工程问题进行简化,选择与被保护层煤体受力过程相近的卸载力学路径(固定轴向位移卸围压、固定差应力卸围压),通过 CT 实时检测实验获取试样卸载过程中的 CT 值、CT 扫描图像。结合实验过程中得到的试样应力-应变关系曲线,根据 CT 值、CT 扫描图像的变化情况,分析卸载过程中煤体内部细观损伤演化过程。

(3)卸载过程中煤体瓦斯渗透性演化特征研究

运用渗流力学、卸荷力学、有效应力原理,应用能测定载荷作用下试样渗透率的煤岩渗透-力学耦合测定仪,采用定容瞬态压力脉冲法测定固定轴向位移卸围压、固定差应力卸围压两种卸载力学路径下试样的渗透率,分析卸载过程中煤体渗透率的变化规律,同时获得卸载点前即试样从静水压力状态被加载至屈服点后稍许的受力过程和卸载点后渗透率与轴向应变的相互关系模型。

(4)卸载过程中煤体损伤对瓦斯渗透性的影响

根据损伤变量的定义,同时结合 CT 值的物理意义,建立损伤变量与 CT 值之间相互关系模型,进而根据固定轴向位移卸围压、固定差应力卸围压两种卸载力学路径下获得的 CT 值得到损伤变量的变化情况。同时,结合与 CT 实时检测实验相同的有效初始围压、等效的卸载力学路径下得到的渗透率变化情况,依据 CT 实时检测实验和渗透性实验获得的应力-应变曲线,综合分析卸载过程中煤体损伤对瓦斯渗透性的影响。

(5)被保护层渗透率分布特征研究

根据被保护层膨胀变形情况,同时结合实验室渗透实验得到的渗透率与轴向应变关系的模型,借助 Matlab 软件,获得保护层开采过程中被保护层渗透率的分布特征。

(6)被保护层瓦斯抽采钻孔优化及现场验证

根据获得的被保护层渗透率分布特征,对照保护层工作面与被保护层工作面的相对位置,同时结合瓦斯治理经验,对被保护层瓦斯抽采钻孔的布孔方式进行优化;根据现场实际获得的被保护层工作面的瓦斯参数对钻孔布孔方式的合理性进行验证。

1.4.2　研究技术路线

本书的研究技术路线如图 1-4 所示。以保护层开采过程中被保护层卸载煤体损伤及渗透率演化特征为研究主线,在查阅国内外文献和调研淮南潘一矿保护层开采相关资料的基础上,对保护层开采过程中被保护层煤体实际受力过程进行数值分析;通过对工程问题进行简化,选择与被保护层煤体受力过程相近的卸载力学路径分别进行卸载过程中试样的 CT 实时检测实验与渗透性实验,分析煤体损伤与渗透率演化特征;随后根据两实验获得的应力-应变关系,耦合 CT 实时检测实验与渗透性实验的结果分析煤体损伤对渗透性的影响,在此基础上,分析卸载过程中损伤煤体渗透性变化特征,结合被保护层膨胀变形情况对渗透率分布特征进行分析;根据被保护层卸载煤体损伤后渗透率的分布特征,对被保护层瓦斯抽采钻孔的布孔方式进行优化,从而实现矿井的安全高效开采。

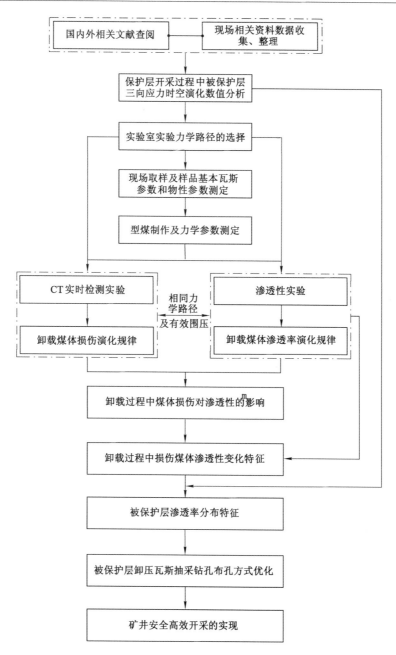

图 1-4 研究技术路线

第2章 保护层开采过程中被保护层煤体受力分析

2.1 保护层开采过程中被保护层三向应力时空演化数值模拟

2.1.1 模型的建立

保护层开采过程中被保护层三向应力时空演化规律数值模拟分析采用广泛应用于模拟工程开挖过程中岩层应力和位移等变化的 FLAC3D 数值模拟软件。FLAC3D 数值模拟软件包含 11 种材料本构模型,莫尔-库仑模型在研究边坡稳定性和地下开挖时比较常用,因此,数值模拟时选取莫尔-库仑模型研究保护层开采过程中被保护层的应力、位移的时空演化规律。

保护层开采过程中被保护层三向应力时空演化规律数值模拟分析以淮南矿区潘一矿下保护层 B_{11} 煤层开采保护上被保护层 C_{13} 煤层为地质背景。潘一矿地层条件及相关力学参数如表 2-1 所示,保护层 B_{11} 煤层厚度为 2 m,被保护层 C_{13} 煤层厚度为 6 m,层间距为 67 m。

表 2-1　地层分布及相关力学参数[34]

岩性	弹性模量 /GPa	单轴抗压强度/MPa	泊松比	体积模量 /GPa	剪切模量 /GPa	内摩擦角 /(°)	黏聚力 /MPa	抗拉强度 /MPa	岩层厚度 /m
砂质泥岩	27.00	63.00	0.40	45.00	9.64	29.00	5.00	6.00	20.00
C_{13}煤层	2.00	20.00	0.40	3.33	0.71	30.00	8.00	2.00	6.00
粉砂岩	31.10	60.00	0.27	22.54	12.24	30.50	9.40	6.00	6.00
粉砂岩	27.21	68.00	0.12	11.93	12.15	25.60	11.46	5.00	12.00
中粒砂岩	28.05	100.20	0.12	12.30	12.52	30.50	25.70	8.00	12.00
砂质泥岩	36.44	60.00	0.38	50.61	13.20	26.10	7.48	6.00	15.00
泥岩	27.58	86.50	0.21	15.85	11.40	20.90	10.68	4.00	4.00
细砂岩	19.18	48.72	0.40	31.97	6.85	24.40	9.00	5.00	12.00
砂质泥岩	57.4	30.61	0.26	39.86	22.78	37.00	4.80	6.00	6.00
B_{11}煤层	2.00	20.00	0.40	3.33	0.71	30.00	8.00	2.00	2.00
砂质泥岩	12.00	70.00	0.26	8.33	4.76	26.00	4.00	7.00	14.00

进行数值模拟时,数值模型的边界条件如图 2-1 所示。潘一矿被保护层 C_{13} 煤层的平均埋深在 550 m 左右。根据潘一矿实际地应力条件,在模型的上部边界采用应力边界条件,施加的应力为 12 MPa;下部边界采用固定边界条件;四周采用滚动边界条件,施加的应力为 10 MPa。

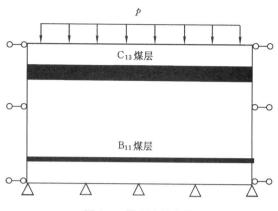

图 2-1　模型边界条件

结合表 2-1 给出的潘一矿地层信息及地层物理力学参数,利用 FLAC3D 数值模拟软件所建立的计算模型如图 2-2 所示。模型共划分为 224 000 个网格,共有 235 791 个网格点。模型在 X 方向的总长度为 500 m,在 Y 方向的总宽度为 490 m,在 Z 方向的总高度为 109 m。

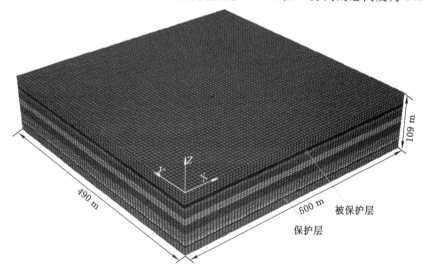

图 2-2　数值计算模型

模拟开采的保护层工作面长度为 200 m,宽度为 190 m,采高为 2 m。数值模拟时,保护层工作面沿 X 方向开挖,工作面每推进 2 m 设定的迭代次数为 250 次。

2.1.2　数据监测点的布置

数值模拟过程中,对被保护层在 X、Y、Z 三个方向的应力和 Z 方向的位移进行了监测,监测点的布置如图 2-3 所示。监测区域为被保护层中部,X 方向总长度为 500 m,0~480 m 范围内每隔 15 m 布置一个监测点;Y 方向总长度为 490 m,0~225 m 范围内每隔 15 m 布置一个监测点,225~265 m 范围内监测点的布置间距为 20 m,265~490 m 范围内监测点的布置间距为 15 m。

2.1.3　被保护层三向应力变化情况

根据数值模拟监测到的潘一矿保护层 B_{11} 煤层分别开挖 80 m、140 m、200 m 时上被保

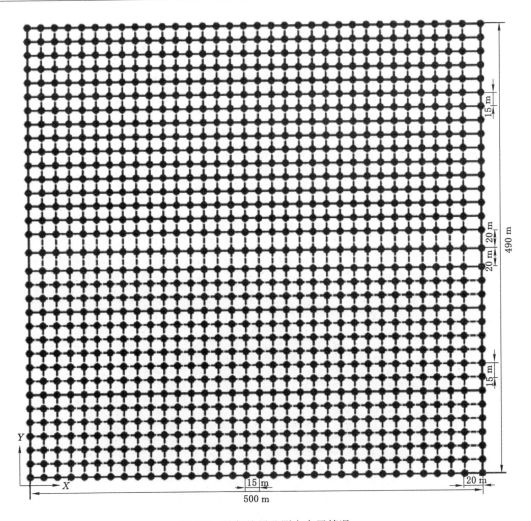

图 2-3 被保护层监测点布置情况

护层 C$_{13}$煤层的三向应力变化情况,使用 Matlab 软件的 surf 函数并调用 meshgrid 命令对监测数据进行了处理,结果如图 2-4 至图 2-6 所示。

由图 2-4 保护层开采过程中被保护层 Z 方向应力的变化情况可知,保护层开挖 80 m时,被保护层出现原始应力区、应力集中区、卸压区。原始应力区的垂直应力为 12.4 MPa,应力集中区的垂直应力的最大值为 12.8 MPa,卸压区垂直应力的最小值为 11.35 MPa,此时,应力集中区的最大应力集中系数为 1.032,卸压区的最小应力集中系数为 0.915;随着工作面沿 X 方向推进,当保护层开挖 140 m 时,原先保护层开挖 80 m 时处于应力集中区的煤体进入卸压区,应力集中区的垂直应力的最大值为 13.3 MPa,卸压区垂直应力的最小值为 10.06 MPa,此时,应力集中区的最大应力集中系数为 1.073,卸压区的最小应力集中系数为 0.811;随着工作面沿 X 方向继续推进,当保护层开挖 200 m 时,原先保护层开挖 140 m 时处于应力集中区的煤体进入卸压区,应力集中区的垂直应力的最大值为 13.6 MPa,卸压区垂直应力的最小值为 10.01 MPa,此时,应力集中区的最大应力集中系数为 1.097,卸压区的最小应力集中系数为 0.807。

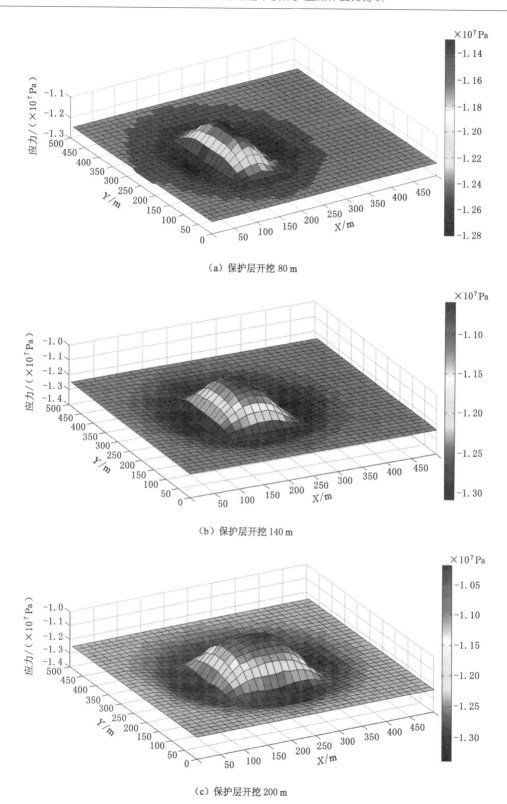

（a）保护层开挖 80 m

（b）保护层开挖 140 m

（c）保护层开挖 200 m

图 2-4　被保护层 Z 方向应力时空演化规律

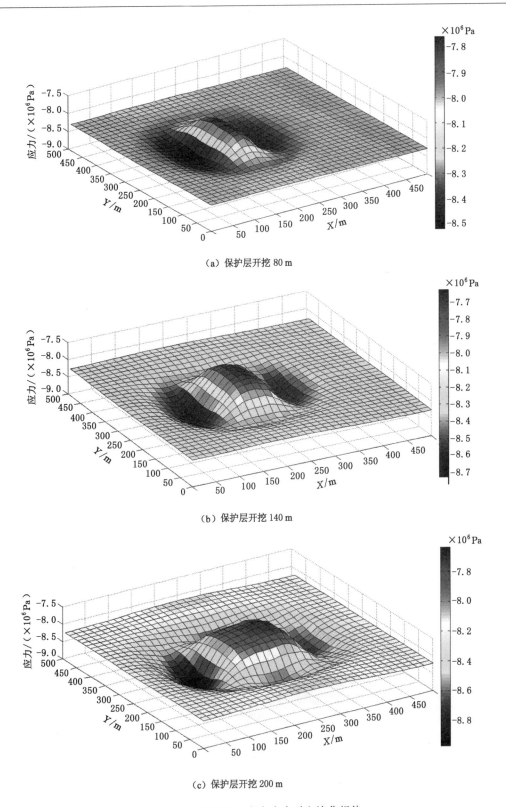

（a）保护层开挖 80 m

（b）保护层开挖 140 m

（c）保护层开挖 200 m

图 2-5　被保护层 Y 方向应力时空演化规律

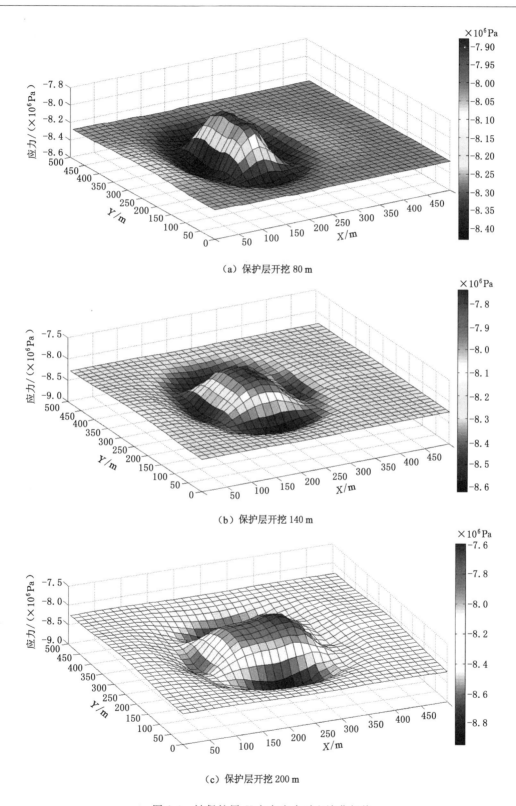

（a）保护层开挖 80 m

（b）保护层开挖 140 m

（c）保护层开挖 200 m

图 2-6　被保护层 X 方向应力时空演化规律

随着工作面的推进,被保护层 Z 方向应力集中区的最大应力集中系数逐渐增大,卸压区的最小应力集中系数逐渐减小,且先前处于 Z 方向应力集中区的被保护层煤体随着保护层推进距离的增大, Z 方向应力逐渐减小。

由图 2-5 保护层开采过程中被保护层 Y 方向应力的变化情况可知,保护层开挖 80 m 时,被保护层出现原始应力区、应力集中区、卸压区。原始应力区的应力为 8.25 MPa,应力集中区的垂直应力的最大值为 8.52 MPa,卸压区垂直应力的最小值为 7.76 MPa,此时,应力集中区的最大应力集中系数为 1.033,卸压区的最小应力集中系数为 0.941;随着工作面沿 X 方向推进,当保护层开挖 140 m 时,原先保护层开挖 80 m 时处于应力集中区的煤体进入卸压区,应力集中区的垂直应力的最大值为 8.77 MPa,卸压区垂直应力的最小值为 7.64 MPa,此时,应力集中区的最大应力集中系数为 1.063,卸压区的最小应力集中系数为 0.926;随着工作面沿 X 方向继续推进,当保护层开挖 200 m 时,原先保护层开挖 140 m 时处于应力集中区的煤体进入卸压区,应力集中区的垂直应力的最大值为 8.94 MPa,卸压区垂直应力的最小值为 7.61 MPa,此时,应力集中区的最大应力集中系数为 1.084,卸压区的最小应力集中系数为 0.922。

随着工作面的推进,被保护层 Y 方向应力集中区的最大应力集中系数逐渐增大,卸压区的最小应力集中系数逐渐减小,且先前处于 Y 方向应力集中区的被保护层煤体随着保护层推进距离的增大, Y 方向应力逐渐减小。

由图 2-6 保护层开采过程中被保护层 X 方向应力的变化情况可知,保护层开挖 80 m 时,被保护层出现原始应力区、应力集中区、卸压区。原始应力区的应力为 8.26 MPa,应力集中区的垂直应力的最大值 8.43 MPa,卸压区垂直应力的最小值为 7.86 MPa,此时,应力集中区的最大应力集中系数为 1.021,卸压区的最小应力集中系数为 0.952;随着工作面沿 X 方向推进,当保护层开挖 140 m 时,原先保护层开挖 80 m 时处于应力集中区的煤体进入卸压区,应力集中区的垂直应力的最大值为 8.62 MPa,卸压区垂直应力的最小值为 7.75 MPa,此时,应力集中区的最大应力集中系数为 1.044,卸压区的最小应力集中系数为 0.938;随着工作面沿 X 方向继续推进,当保护层开挖 200 m 时,原先保护层开挖 140 m 时处于应力集中区的煤体进入卸压区,应力集中区的垂直应力的最大值为 8.93 MPa,卸压区垂直应力的最小值为 7.59 MPa,此时,应力集中区的最大应力集中系数为 1.081,卸压区的最小应力集中系数为 0.919。

随着工作面的推进,被保护层 X 方向应力集中区的最大应力集中系数逐渐增大,卸压区的最小应力集中系数逐渐减小,且先前处于 X 方向应力集中区的被保护层煤体随着保护层推进距离的增大, X 方向应力逐渐减小。

2.1.4 被保护层三向应力时空演化规律

从图 2-4 至图 2-6 中被保护层三向应力的时空演化情况可以看出, Z、Y、X 方向的应力时空演化规律具有如下特性:

(1)保护层开采后,被保护层出现应力集中区、卸压区、原始应力区。

(2)随着保护层推进距离的增加,被保护层卸压区范围增大。

(3)随着保护层推进距离的增加,开切眼附近应力集中区的应力集中系数一直在增加,而沿开采方向先前处于应力集中区的被保护层煤体随着保护层推进距离的增大开始卸压,进入卸压区。

（4）从受力过程看,保护层开采过程中,被保护层煤体将经历先被加载随后逐渐被卸载的受力过程,且卸载过程是三向应力均减小的过程。

2.2　实验室实验力学路径

2.2.1　加卸载力学路径下裂纹扩展机制的差异性

A. A. Griffith[167]指出材料的破坏是由于内部存在裂隙,在载荷作用下,裂隙端部将出现应力集中,并定义了应力强度因子,当应力强度因子超过临界值时,裂隙就会扩展,引起材料断裂破坏。

2.2.1.1　加载条件下裂隙扩展机制[168]

在加载条件下,单个裂隙受到压剪作用,起裂扩展的模型如图 2-7 所示。

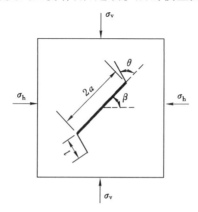

图 2-7　压剪应力作用下单裂隙起裂扩展模型

在 $l \to 0$,同时裂隙面闭合的情况下,原裂隙刚刚扩展,为纯 Ⅱ 型断裂,应力强度因子为:

$$K_{\text{Ⅱ}} = \tau_{\text{eff}} \sqrt{\pi a} \tag{2-1}$$

式中　τ_{eff}——等效剪应力,MPa;

a——裂隙长度的一半。

当裂隙面张开时,μ 为 0,$\tau_{\text{eff}} = \tau$,τ,σ_{N} 及 σ_{T} 可分别表示为:

$$\left. \begin{aligned} \tau &= \frac{1}{2}(\sigma_1 - \sigma_3)\sin 2\beta \\ \sigma_{\text{N}} &= \frac{1}{2}\left[(\sigma_1 + \sigma_3) + (\sigma_1 - \sigma_3)\cos 2\beta\right] \\ \sigma_{\text{T}} &= \frac{1}{2}\left[(\sigma_1 + \sigma_3) - (\sigma_1 - \sigma_3)\cos 2\beta\right] \end{aligned} \right\} \tag{2-2}$$

式中　τ——裂隙面上的剪应力;

σ_{N}——垂向应力,MPa;

σ_{T}——横向压应力,MPa。

当 $K_{\text{Ⅱ}} = \tau_{\text{eff}} \sqrt{\pi a} \geqslant K_{\text{Ⅱc}}$ 时,裂隙扩展。

2.2.1.2 卸载条件下裂隙扩展机制[169]

在卸载过程中，裂隙面的应力状态从压剪应力状态逐渐向拉剪应力状态变化。单个裂隙在拉剪应力作用下起裂扩展的模型如图 2-8 所示。

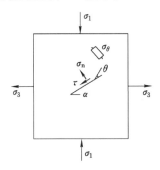

图 2-8 拉剪应力作用下单裂隙起裂扩展模型

图 2-8 中，σ_1 表示最大主应力；σ_3 表示最小主应力；τ，σ_n 分别表示作用于裂隙面上的剪应力和正应力。τ，σ_n 可以用最大主应力和最小主应力表示。

$$\left.\begin{array}{l} \tau = \dfrac{\sigma_1 - \sigma_3}{2}\sin\alpha \\[2mm] \sigma_n = \dfrac{\sigma_1 + \sigma_3}{2} + \dfrac{\sigma_1 - \sigma_3}{2}\cos 2\alpha \end{array}\right\} \tag{2-3}$$

假定压应力为负，拉应力为正。当裂隙面所受的正应力大于 0 时，裂隙面的垂向处于拉应力状态，且会出现垂向位移，同时滑动摩擦力会减小甚至可以忽略。因此，当 $\sigma_n > 0$ 时，裂隙必然会起裂并扩展。

2.2.2 加卸载力学路径下煤岩体破坏特征的差异性

起初，人们研究岩石力学的相关问题如岩石强度、破坏特征、应力-应变关系等都是通过加载实验进行的。随着研究的不断深入，特别是在三峡工程等实际工程问题中人们发现传统的加载力学理论有明显的局限性，不能准确地指导工程实际，经过长期的实验室实验、现场试验、理论分析等，很多学者得出了岩石在加载和卸载两种力学路径下力学性质存在很大差异的结论。

由于加载与卸载代表不同的应力路径，而岩石材料的抗压强度远大于抗拉强度，加载时煤岩体的破坏效应主要体现在受压方面[170]，而卸载时则体现在受拉方面，同时加卸载力学路径下煤岩体的裂纹扩展、起裂机制也不一样[168-169]，因此，煤岩体加卸载破坏过程中的力学性质会存在差异。

煤岩试样卸载破坏与加载破坏的区别在于，卸载条件下的破坏主要由试样内部弹性能的释放引起，产生的裂隙以张裂隙或张剪复合型裂隙为主；加载条件下的破坏主要由外力对试样做功引起，破坏时有明显的剪切破裂面，与加载破坏相比，卸载破坏更具突发性。图 2-9 至图 2-12 给出了煤岩试样在加卸载力学路径下所表现出来的破坏特征。

综上所述，加卸载力学路径下煤岩体的力学性质存在差异，为更好地研究工程问题，在实验室应选择与工程实际相近的力学路径进行研究。

2.2.3 力学路径的选择

试样的强度特征、变形特征、破坏特征等均具有力学路径敏感性，加卸载力学路径的不

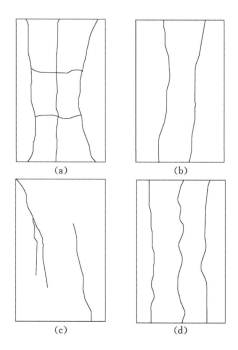

图 2-9　砂岩卸载破坏特征[58]（以张性破裂为主）

图 2-10　原煤样卸载破坏特征[63]（张剪复合型裂隙）

同会使试样的力学性质发生改变。因此，通过实验室力学实验研究工程问题时，针对不同的加卸载问题，应选择与工程实际相一致的力学路径。

根据 2.1 节数值模拟的结果可知，在保护层开采过程中，被保护层煤体要经历先加载后卸载的受力过程，且卸载过程是三向应力均减小的过程。因此，考虑保护层开采过程中被保护层煤体实际的受力状态，为研究被保护层煤体卸载过程中的损伤、渗透性演化规律，通过对工程问题进行简化，选择轴压与围压同时减小的力学路径对其进行实验室实验研究。轴压与围压同时减小的力学路径又可分为三种：轴压与围压等量减小、轴压与围压不等量减小且围压减小量大于轴压减小量、轴压与围压不等量减小且围压减小量小于轴压减小量。结合莫尔-库仑破坏准则，本书选择轴压与围压等量减小、轴压与围压不等量减小且围压减小量大于轴压减小量作为主要的卸载力学路径，如图 2-13 和图 2-14 所示。

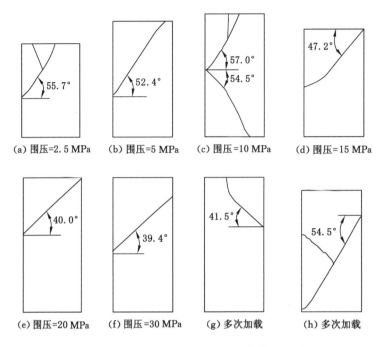

(a) 围压=2.5 MPa　　(b) 围压=5 MPa　　(c) 围压=10 MPa　　(d) 围压=15 MPa

(e) 围压=20 MPa　　(f) 围压=30 MPa　　(g) 多次加载　　(h) 多次加载

图 2-11　原煤样三轴加载破坏特征[171]（剪裂隙）

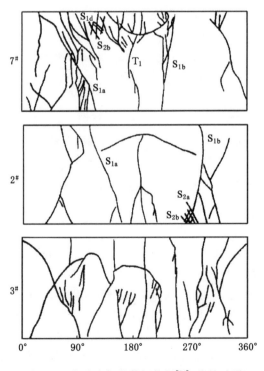

图 2-12　玄武岩卸载破坏特征[54]（张性破裂）

实际地层中的煤体常常处于塑性状态，因此，实验时首先将试样加载至屈服点，稍后再进行轴压与围压等量减小、轴压与围压不等量减小且围压减小量大于轴压减小量的卸载实验,这两种卸载力学路径反映到三轴压力机上分别对应固定轴向位移卸围压、固定差应力卸围压这两种卸载力学路径。

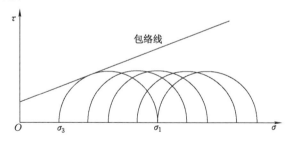

图 2-13　轴压与围压等量减小卸载

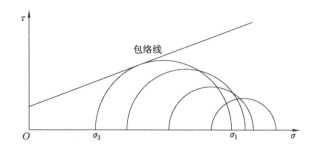

图 2-14　轴压与围压不等量减小且轴压减小量小于围压减小量卸载

2.3　本 章 小 结

前人的研究多偏重于保护层开采过程中 Z 方向的应力变化规律,而对 Y 方向、X 方向应力涉及较少。本章通过数值分析的方法分析保护层开采过程中被保护层三向应力的时空演化规律,进而选择在实验室进行 CT 实时检测实验与渗透性实验的力学路径,主要研究结论如下:

(1) 保护层开采后,被保护层出现应力集中区、卸压区、原始应力区;随着保护层推进距离的增加,被保护层卸压区范围增大;随着保护层推进距离的增加,开切眼附近应力集中区的应力集中系数一直在增加,而沿推进方向的先前处于应力集中区的被保护层煤体随着保护层推进距离的增大开始卸压,进入卸压区;从受力过程看,在保护层开采过程中,被保护层煤体将经历先加载随后逐渐卸载的受力过程,且卸载过程是三向应力均减小的过程。

(2) 根据保护层开采过程中被保护层的实际受力状态,在实验室实验时选择固定轴向位移卸围压、固定差应力卸围压两种卸载方式作为力学路径;为了与被保护层实际应力状态相对应,实验时先将试样加载至屈服点,稍后再进行卸载实验。

第3章 实验设计、实验设备与实验方案

为分析保护层开采过程中被保护层卸载煤体的损伤、渗透性演化特征,本书分别通过CT 实时检测实验系统(测定不同应力状态下试样的损伤演化)与煤岩应力-渗透耦合仪(测定不同应力状态下试样的渗透率演化)对煤试样卸载过程中的损伤、渗透性演化特征进行了研究。

3.1 实 验 设 计

本书主要研究保护层开采过程中被保护层卸载煤体损伤及渗透性演化特征。本书分别选用固定轴向位移卸围压、固定差应力卸围压两种卸载力学路径,利用力学性质与原煤样相似但离散性小的型煤,同时采用有效应力原理(CT 实时检测实验与渗透性实验采用相同的初始有效围压)在分别获得试样卸载过程中的损伤、渗透性演化特征的基础上,根据不同实验过程中的应力-应变曲线来对实验结果进行耦合,分析卸载过程中的煤体损伤演化对瓦斯渗流的影响,实验设计如图 3-1 所示。根据实验设计,结合实验目的及试样的特殊性,实验过程中不同力学路径下需要的实验次数如表 3-1 所示。

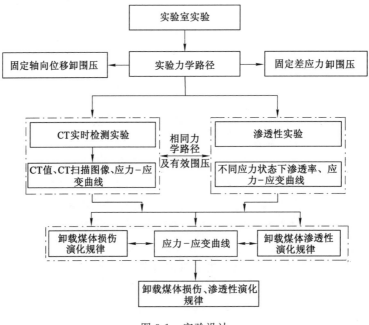

图 3-1 实验设计

表 3-1　实验次数

力学路径	实验次数/次		
	基础力学参数测定实验	CT 实时检测实验	渗透性实验
单轴加载	4	—	—
常规三轴加载	2	2	—
固定轴向位移卸围压	—	1	3
固定差应力卸围压	—	1	3

3.2　实验设备

3.2.1　CT 实时检测实验

CT 实时检测技术具备可以无损、无扰动地对岩土或岩石试样进行检测的优点,因此,它已经广泛应用于岩土力学、岩石力学领域,近年来在煤试样损伤演化检测方面也得到了应用。

3.2.1.1　CT 实时检测系统

CT 实时检测技术具有其他试样损伤测定方法无可比拟的优点,国内很多科研单位如中国科学院寒区旱区环境与工程研究所、中国矿业大学(北京)、长江科学院、西安理工大学等都拥有 CT 实时检测设备。本书进行的卸载过程中试样的 CT 实时检测实验是在中国科学院寒区旱区环境与工程研究所冻土工程国家重点实验室进行的,实验设备如图 3-2 所示。

中国科学院寒区旱区环境与工程研究所冻土工程国家重点实验室的 CT 实时检测系统在进行 CT 实时扫描的同时,可测定试样的轴向应力、轴向应变。CT 实时检测系统由 Brilliance 16 层螺旋 CT 系统、轴压加载系统、围压加载系统、三轴压力室、CT 图像处理软件组成。

实验系统最大轴向设计压力为 200 MPa,最大设计围压为 25 MPa。实验配备 3 个载荷传感器,量程分别为 100 kN、200 kN、400 kN,为了缩小实验误差,实验时应根据实验样品的载荷范围选择合适的载荷传感器。

为了减少 CT 检测过程中实验仪器对 X 射线的吸收,三轴压力室采用特殊的铝制材料制成。

一次扫描时,扫描层厚度为 3 mm,从下到上共分为 32 层。扫描层的分布如图 3-3 所示。

3.2.1.2　CT 实时检测技术检测原理

CT 机按射线分类,可分为 X 射线 CT 机和 γ 射线 CT 机,X 射线 CT 机又称为医用 CT 机,γ 射线 CT 机又称为工业 CT 机。本实验所用的 CT 机为 PHILIPS 医用 CT 机,下面重点介绍其检测原理。

X 射线穿透试样的过程中,射线强度会出现衰减。物质密度越大,X 射线强度衰减越明显。

CT 机的发明者之一,Housfield 教授将 CT 值定义为:

(a) CT检测台

(b) CT图像处理软件

图 3-2　CT 实时检测系统

$$H = 1\,000 \times \frac{\mu_r^m - \mu_w^m}{\mu_w^m} \tag{3-1}$$

式中　H ——CT 值,HU;

　　　$1\,000$ ——HU 的分度因数;

　　　μ_r^m ——物质对 X 射线的吸收系数;

　　　μ_w^m ——水对 X 射线的吸收系数。

根据 Housfield 教授的定义,空气、水、冰的 CT 值分别为 $-1\,000$ HU、0 HU、-100 HU。CT 值是通过水模进行校正的,CT 值是物质密度的反映,CT 值越高表明物质密度越大。

设定 X 射线穿过物质的距离为 l,穿过物质前的强度为 I_0,穿过物质后的强度为 I,系数为 μ,X 射线穿透物质时其强度符合如下规律:

$$I = I_0 e^{-\mu l} \tag{3-2}$$

一次 CT 扫描结束后,需要对得到的 CT 图像信息进行提取,根据由 CT 图像得到的信息对试样的内部结构变化进行分析。

CT 扫描图像格式为 .dcm,CT 图像信息的提取可通过 DICOM 图像浏览器或者 CT

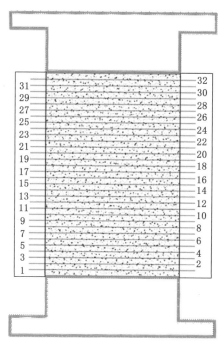

图 3-3 扫描层分布

机。DICOM 图像浏览器的界面如图 3-4 所示。

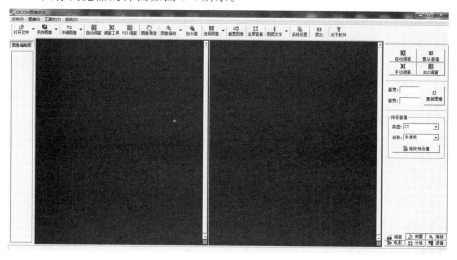

图 3-4 DICOM 图像浏览器

DICOM 图像浏览器包括调窗工具、缩放工具、测量工具等,利用 DICOM 图像浏览器内置的工具栏可以查看由 CT 实时检测实验得到的 CT 扫描图像以及测定不同区域的 CT 值等。

CT 值的测定通过测量工具来进行,如图 3-5 所示。可测定直线长度、三角角度、法角角度、矩形面积、矩形周长、矩形 CT 值、椭圆面积、椭圆周长、椭圆 CT 值等,根据实验目的可以选择需要的测量单位进行测量。

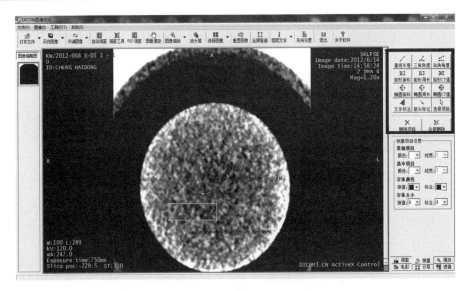

图 3-5　DICOM 图像浏览器测量窗口

3.2.2　渗透性实验

3.2.2.1　渗透性实验的测定方法

目前,煤岩气体渗透率测定最常用的方法主要有稳态法和瞬态压力脉冲法。

稳态法主要通过在试样两端施加不同的气体压力,待气体流量稳定后,记录一段时间内流经试样的总气体量来测定渗透率。稳态法测定渗透率的控制方程为:

$$k = \frac{2p_0 Q L \mu}{A(p_1 - p_2)^2} \qquad (3\text{-}3)$$

式中　k ——渗透率,mD;

　　　Q ——气体流量,cm^3/s;

　　　μ ——动力黏度,MPa·s;

　　　L ——试样长度,cm;

　　　A ——试样截面积,cm^2;

　　　p_1,p_2 ——试样进、出口压力,MPa;

　　　p_0 ——大气压力,MPa。

瞬态压力脉冲法(W. F. Brace 等[172]、B. Evans 等[173]、S. G. Wang 等[174])的基本控制方程为式(3-4)和式(3-5)。

$$p_{up}(t) - p_{down}(t) = \left[p_{up}(t_0) - p_{down}(t_0)\right] e^{-\alpha t} \qquad (3\text{-}4)$$

$$\alpha = \left[kA/(\mu \beta L)\right](1/V_{up} + 1/V_{down}) \qquad (3\text{-}5)$$

式中　$p_{up}(t)$,$p_{down}(t)$ ——t 时刻上、下游储气罐的气体压力,MPa;

　　　$p_{up}(t_0)$,$p_{down}(t_0)$ ——初始时刻上、下游储气罐的气体压力,MPa;

　　　α ——气体压力随时间衰减过程中的指数拟合因子;

　　　k ——渗透率,mD;

　　　A ——试样截面积,m^2;

　　　L ——试样长度,m;

μ——动力黏度，MPa·s；

β——气体压缩因子，MPa^{-1}；

V_{up}，V_{down}——上、下游储气罐的体积，mL。

当上、下游储气罐体积相等时，即 $V_{up} = V_{down}$，在忽略管路体积的情况下，式（3-5）可写成如下形式：

$$\alpha = \frac{kA}{\mu L} \frac{2}{\beta V_{up}} \tag{3-6}$$

$$S_{up} = \beta V_{up} \tag{3-7}$$

式中，S_{up} 表示储气罐贮留系数，即单位压力变化引起的储气罐内的流体体积改变量，这里只考虑气体压缩贮留。

$$\alpha = \frac{kA}{\mu L} \frac{2}{S_{up}} \tag{3-8}$$

因此，当上、下游储气罐体积相等时，瞬态压力脉冲法的控制方程为：

$$\left. \begin{array}{l} p_{up}(t) - p_{down}(t) = \left[p_{up}(t_0) - p_{down}(t_0) \right] e^{-\alpha t} \\ \alpha = \frac{kA}{\mu L} \frac{2}{S_{up}} \end{array} \right\} \tag{3-9}$$

实验时，根据图 3-6 中的压力脉冲曲线，同时结合式（3-4）就可以计算出 α，进而通过计算贮留系数 S_{up}，同时结合试样的长度 L 及截面积 S 即可求出试样的渗透率。

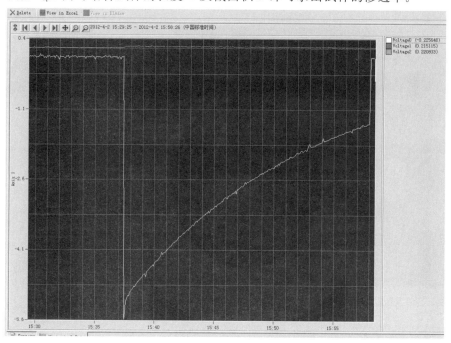

图 3-6　瞬态压力脉冲法测定渗透率脉冲曲线

稳态法通常应用于渗透率较大的试样，而瞬态压力脉冲法通常应用于渗透率较小的试样。

3.2.2.2　煤岩应力-渗透耦合仪

载荷作用下试样渗透性的测定采用中国矿业大学安全工程学院的煤岩应力-渗透耦合

仪进行,实验仪器如图 3-7 所示,实验原理如图 3-8 所示。

图 3-7　煤岩应力-渗透耦合仪

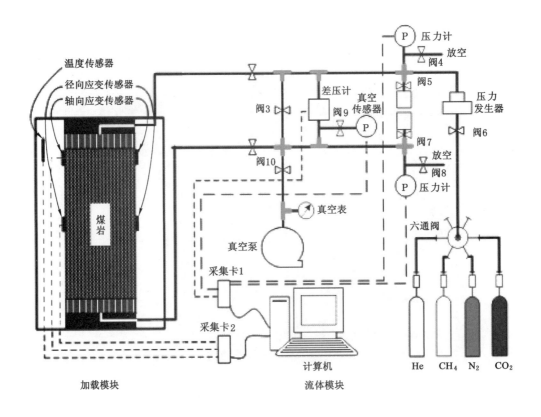

图 3-8　煤岩应力-渗透耦合仪原理

煤岩应力-渗透耦合仪包含加载模块和流体模块两个部分。该仪器渗透率测定方法为定容压力脉冲法,控制方程为式(3-9)。

该仪器主要性能指标如下。

① 试样尺寸：　　　　　　50 mm×100 mm；

② 温度：　　　　　　　室温～90 ℃，精度±0.2 ℃；

③ 围压：　　　　　　　0～60 MPa，精度±0.5%F.S.；

④ 气压：　　　　　　　0～20 MPa，精度±0.5%F.S.；

⑤ 轴向载荷：　　　　　600 kN，精度≤±1%F.S.；

⑥ 渗透率测量范围：　　0.01～100 mD，重复性误差不大于5%；

⑦ 胀缩应变：　　　　　−0.02～0.02，精度1%。

1）加载模块

加载模块由以下几部分组成。

（1）压力容器

① 材质和尺寸满足强度要求，与孔隙水接触面耐 pH 值为 3 的盐酸和硫酸溶液；

② 内空 ϕ250 mm×500 mm，设计耐压 60 MPa。

（2）轴向加载子系统

① 采用油缸进油腔与回油腔差压方法测量载荷和提高工作油压力；

② 活塞机械行程为 110 mm，以方便不同高度试件的实验空间调整；

③ 承压板采用高强度耐腐蚀材料；

④ 刚度 10 GN/m；

⑤ 载荷分辨率：1/100 000；

⑥ 载荷有效测量范围：3～600 kN；

⑦ 载荷测量精度：≤±1%；

⑧ 轴向变形测量范围：0～10 mm；

⑨ 轴向变形测量精度：≤±0.5%；

⑩ 轴向位移测量范围：0～100 mm；

⑪ 轴向位移测量精度：≤±0.5%。

（3）侧向加载子系统

① 最大压力：60 MPa；

② 轴向变形测量范围：0～10 mm；

③ 压力分辨率：1/50 000；

④ 压力测量精度：≤±1%F.S.；

⑤ 压力控制波动度：≤±1/5 000。

（4）加载测控子系统

① 载荷控制波动度：≤±1/2 500；

② 位移控制波动度：≤±1/5 000；

③ 变形控制波动度：≤±1/5 000。

（5）压力源子系统

（6）加载温控子系统

加载模块采用加热圈进行温度控制，温度控制精度为±0.2 ℃。

2）流体模块

流体模块由以下三部分组成。

（1）流体测控子系统

压力计精度≤±1%F.S.。

（2）流体源子系统

采用纯度为 99.999% 的 CH_4。

（3）温度测控子系统。

温度控制采用恒温水浴,精度为±0.2 ℃。

3）传感器

进行载荷作用下试样渗透性测定实验时,使用的传感器有气体压差传感器、气体压力传感器、轴向应变传感器、径向应变传感器、轴压传感器、围压传感器。气体压差传感器、气体压力传感器属于流体模块,轴向应变传感器、径向应变传感器、轴压传感器、围压传感器属于加载模块。除了轴向应变传感器和径向应变传感器需要安装在试样上外,其他传感器均与实验系统一体。实验时,轴向应变传感器和径向应变传感器的位置如图 3-9 所示。

图 3-9　轴向应变传感器和径向应变传感器的位置

3.3　实 验 样 品

3.3.1　基本物性参数

实验所用煤样为取自淮北矿区祁南煤矿的焦煤,其最大平均镜质组反射率为1.424 3%。煤样显微组分分析结果如表 3-2 所示。

表 3-2　煤样显微组分分析结果

有机显微组分			无机显微组分		
镜质组	惰质组	壳质组	黏土类	硫化物	碳酸盐
72.84%	22.59%	0	4.21%	0.36%	0

从表 3-2 中可知,实验所用煤样有机显微组分占95.43%,无机显微组分占 4.57%。有

机显微组分中镜质组占 72.84%,惰质组占 22.59%,缺少壳质组;无机显微组分中黏土类占 4.21%,硫化物占 0.36%,未见碳酸盐。

对实验所用煤样进行基本物性参数测定,结果如表 3-3 所示。

表 3-3　基本物性参数

测试项目	数值	单位
吸附常数 a	19.43	m^3/t
吸附常数 b	1.09	MPa^{-1}
坚固性系数 f	0.33	
瓦斯放散初速度 ΔP	12.20	mmHg
水分 M_{ad}	1.465	%
灰分 A_d	17.41	%
挥发分 V_{daf}	29.43	%
真密度 ρ_c	1.42	g/cm^3
视密度 ρ_s	1.33	g/cm^3

根据所用煤样基本物性参数的测定结果可知,实验所用煤样的极限吸附量 a 的大小为 19.43 m^3/t,吸附常数 b 的大小为 1.09 MPa^{-1},坚固性系数 f 值为 0.33,瓦斯放散初速度 ΔP 值为 12.2 mmHg,水分含量为 1.465%,灰分含量为 17.41%,挥发分含量为 29.43%,真密度和视密度分别为 1.42 g/cm^3 和 1.33 g/cm^3。

煤样内部孔隙、裂隙均有分布,煤样扫描电镜图如图 3-10 所示。

受构造应力作用,很多煤体结构破碎、强度较低,井下取样时,原生结构常遭到破坏,制作原煤样困难。即使制得原煤样,由于试样间割理、裂隙等分布的差异,实验可重复性、实验结果可比性也较差[145-146]。而且型煤与原煤样力学性质具有相似性[175]。因此,本书用型煤试样代替原煤试样进行研究。

型煤试样制作工艺[128,133]如下:将取得的小煤块粉碎,筛选出 0.2~0.25 mm 的煤颗粒,加入少量水混合均匀后放入特制模具(图 3-11)中,施加 200 kN 压力,稳压 30 min,取出试样,将试样放入 60 ℃ 的真空干燥箱中真空干燥 24 h 后,用切割机将试样切割成高 100 mm 左右(图 3-12)。

3.3.2　力学性质

根据实验所用型煤试样力学参数测定结果,其单轴抗压强度为 0.8~1.5 MPa,泊松比为 0.26 左右,弹性模量为 6.1 GPa。

为分析试样的三轴力学性质,选用围压分别为 8 MPa、6 MPa,孔隙瓦斯压力为 2 MPa 进行了常规三轴加载压缩实验,实验过程中获得的试样差应力-应变曲线如图 3-13 和图 3-14 所示。

由于试样安装误差,图 3-13 所示的围压 8 MPa 下试样的应力-应变曲线,未出现图 3-14 所示的随着差应力的逐渐增加,试样经历的压密阶段、弹性回弹变形阶段、塑性变形阶段。根据常规三轴加载实验的结果,试样发生扩容之前,轴向应变对差应力的增加比较敏感,增加相同的差应力,轴向应变增加较大;试样发生扩容以后,径向应变对差应力的增加比较敏

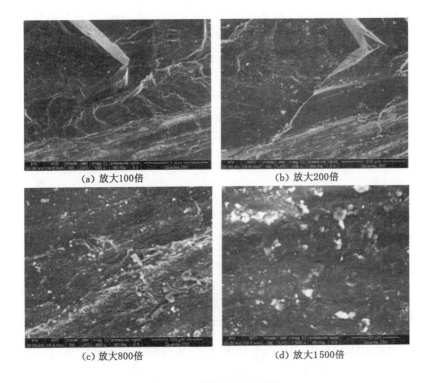

(a) 放大100倍　　　　　　　　(b) 放大200倍

(c) 放大800倍　　　　　　　　(d) 放大1500倍

图 3-10　煤样扫描电镜图

图 3-11　型煤制作模具

感,增加相同的差应力,径向应变增加较大。型煤试样的塑性变形特征显著,以初始围压为 6 MPa的试样为例,当被加载至屈服点后,随着不断对其进行加载,试样开始表现出塑性流动特征。

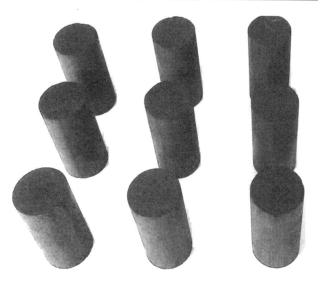

图 3-12 型煤试样·

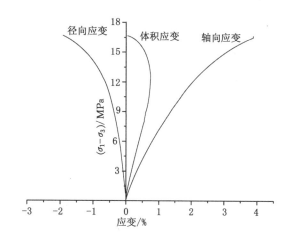

图 3-13 围压 8 MPa 三轴加载实验过程中差应力-应变曲线

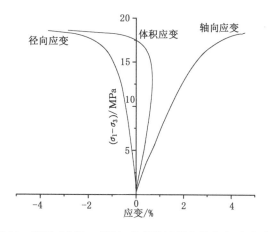

图 3-14 围压 6 MPa 三轴加载实验过程中差应力-应变曲线

3.4 实 验 方 案

3.4.1 常用的破坏准则

3.4.1.1 Mohr-Coulomb 破坏准则

Mohr-Coulomb 破坏准则认为材料的破坏是剪应力与正应力综合作用的结果,可用图 3-15 表示。

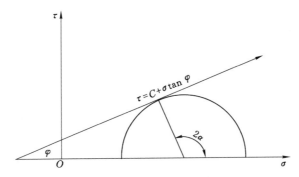

图 3-15　Mohr-Coulomb 破坏准则

Mohr-Coulomb 破坏准则的表达式为:

$$\tau = C + \sigma \tan \varphi \tag{3-10}$$

式中　τ——剪应力,MPa;

　　　C——黏聚力,MPa;

　　　σ——正应力,MPa;

　　　φ——内摩擦角,(°)。

Mohr-Coulomb 破坏准则用最大主应力 σ_1 和最小主应力 σ_3 表示为:

$$\sigma_1 - \sigma_3 = (\sigma_1 + \sigma_3 + 2C \cot \varphi) \sin \varphi \tag{3-11}$$

3.4.1.2 Drucker-Prager 破坏准则

第一应力不变量:　　　　　　$I_1 = \sigma_1 + \sigma_2 + \sigma_3$

第二应力不变量:　　　$J_2 = \dfrac{1}{6} \left[(\sigma_1 - \sigma_2)^2 + (\sigma_2 - \sigma_3)^2 + (\sigma_1 - \sigma_3)^2 \right]$

Drucker-Prager 破坏准则认为材料的破坏取决于第一应力不变量和第二应力不变量,其表达式为:

$$a I_1 + \sqrt{J_2} = k \tag{3-12}$$

式中　a, k——材料常数。

为了确定 a, k,将 Drucker-Prager 破坏准则与 Mohr-Coulomb 破坏准则进行比较,Mohr-Coulomb破坏准则又可表示为:

$$f(\sigma_1, \sigma_3) = \frac{\sigma_1 - \sigma_3}{2} + \frac{(\sigma_1 + \sigma_3) \sin \varphi}{2} - C \cos \varphi \tag{3-13}$$

Mohr-Coulomb 破坏准则在主应力空间中是个六棱锥,在 π 平面上的截线是一个不规则的六边形,如图 3-16 所示。

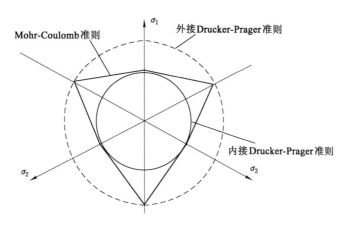

图 3-16　π 平面破坏准则

当 Drucker-Prager 破坏准则的破坏面的锥点与 Mohr-Coulomb 破坏准则棱锥的锥点重合时,Drucker-Prager 破坏面在 π 平面内的截线称为 Drucker-Prager 圆。

当 Drucker-Prager 破坏准则与 Mohr-Coulomb 破坏准则六边形的外顶点重合时,可得到 Drucker-Prager 破坏准则中的 a,k 与 Mohr-Coulomb 破坏准则中的 C,φ 的关系式:

$$a = \frac{2\sin\varphi}{\sqrt{3}(3-\sin\varphi)}, k = \frac{6C\cos\varphi}{\sqrt{3}(3-\sin\varphi)}$$

当 Drucker-Prager 破坏准则与 Mohr-Coulomb 破坏准则的内顶点重合时,可得到如下公式:

$$a = \frac{2\sin\varphi}{\sqrt{3}(3+\sin\varphi)}, k = \frac{6C\cos\varphi}{\sqrt{3}(3+\sin\varphi)}$$

在平面应变的条件下,两破坏准则参数的关系式如下:

$$a = \frac{2\tan\varphi}{\sqrt{9+12\tan^2\varphi}}, k = \frac{3C}{\sqrt{9+12\tan\varphi}}$$

Drucker-Prager 破坏准则的优点是考虑了静水压力对岩石破坏的影响,并且考虑了第二应力不变量的影响。

3.4.1.3　Hoek-Brown 破坏准则

Hoek 和 Brown 研究了以往的破坏准则,并总结自己多年在岩体性质方面的理论研究成果和实践经验,导出了岩体破坏时的主应力之间的关系式,即

$$\sigma_1 = \sigma_3 + \sqrt{m\sigma_0\sigma_3 + s\sigma_0^2} \tag{3-14}$$

式中　σ_1 ——岩体破坏时的最大主应力,MPa;

　　　σ_3 ——作用在岩体上的最小主应力,MPa;

　　　σ_0 ——完整岩体的单轴抗压强度,MPa;

　　　m,s ——岩体的材料常数。

3.4.2　常规三轴压力机加卸载控制方式

利用常规三轴压力机进行试样加卸载实验时,主要有应力控制与位移控制两种控制方法。

3.4.2.1　应力控制方式

应力控制方式是指控制轴向或径向的载荷,进而对试样进行加载和卸载实验。应力控

制方式包括增加差应力$(\sigma_1-\sigma_3)$与稳定差应力两种方式。

根据岩石力学理论,采用轴压恒定,维持或加载围压的方式,岩石是很难发生破坏的。因此,如图 3-17 所示,根据莫尔-库仑破坏准则,常规三轴压力机加卸载方式有以下六种:① 恒定围压、加载轴压[图 3-17(a)];② 固定轴压、卸载围压[图 3-17(b)];③ 加载轴压、卸载围压[图 3-17(c)];④ 同时加载轴压与围压[图 3-17(d)];⑤ 同时卸载轴压与围压,且轴压卸载量小于围压卸载量[图 3-17(e)];⑥ 同时卸载轴压与围压,且轴压与围压等量减小[图 3-17(f)]。

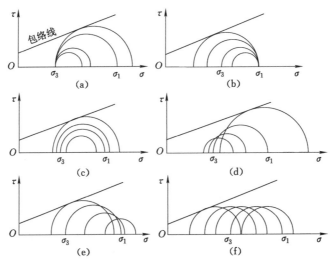

图 3-17　加卸载破坏莫尔应力圆[44]

图 3-17(a)至图 3-17(e)为增加差应力的方式,图 3-17(f)为稳定差应力的方式。在压力机上,为了保持差应力恒定,必须不断地增加轴向位移,该应力路径的特点为莫尔应力圆大小保持不变,随着莫尔应力圆不断平移,当它与破坏包络线相切时,试样破坏。

3.4.2.2　位移控制方式

位移控制方式是指控制轴向或径向的位移,进而对试样进行加载和卸载实验。围压多采用应力控制方式,因此,在对试样施加预定的围压后,可以采用增加轴向位移的方式对试样进行加载实验,采用减小或固定轴向位移的方式对试样进行加卸载实验。

3.4.3　CT 实时检测实验方案

进行实验室实验时,我们主要是为了得到试样在某一力学路径下的力学性质、损伤演化及渗透性变化等,因此,本书没有说明实验过程中所用载荷对应的煤矿实际埋藏深度。

由于 CT 实时检测实验价格比较昂贵,为了分析卸载过程中煤体的损伤演化规律,本书只进行了初始围压为 8 MPa,试样在固定轴向位移卸围压与固定差应力卸围压两种卸载路径下卸载过程中的 CT 实时检测实验。根据选择的卸载力学路径,进行 CT 实时检测实验时具体实验步骤如下:

(1)安装试样,对试样进行初始状态下第一次 CT 扫描,获得初始状态下各扫描信息(CT 值、CT 图像),以作为实验分析的基准。

(2)以静水压力加载方式加载至 8 MPa,维持围压不变,以 0.04 mm/min 的位移加载方式将试样加载至屈服点以后稍许,对试样进行第二次 CT 扫描。

（3）进行固定轴向位移卸围压过程的 CT 实时检测实验。实验时,固定轴向位移,以 0.25 MPa/min 的围压卸载速率对试样进行卸载;在试样卸载过程中对其进行 CT 扫描,直到从 CT 图像上可以观测到明显的损伤裂纹时停止实验,在围压分别为 6 MPa、4.8 MPa、3.6 MPa、2.4 MPa、0.8 MPa 时对试样进行了 CT 扫描。

（4）进行固定差应力卸围压过程的 CT 实时检测实验。实验时,以 0.25 MPa/min 的围压卸载速率卸载围压,同时为了维持差应力不变,需要不断地进退轴向位移;在试样卸载过程中对其进行 CT 扫描,直到从 CT 图像上可以观测到明显的损伤裂纹时停止实验,在围压分别为 6 MPa、4.8 MPa、3.6 MPa、2.4 MPa、0.8 MPa 时对试样进行了 CT 扫描。

（5）利用 CT 机或 DICOM 图像浏览器对 CT 扫描过程中获得的 CT 图像进行调窗处理,同时测量 CT 值,进而分析试样的损伤演化规律。

3.4.4　渗透性实验方案

为分析卸载过程中煤试样渗透性的变化规律,渗透性实验所用的初始围压分别为 6 MPa、8 MPa、10 MPa,采用固定轴向位移卸围压、固定差应力卸围压两种卸载力学路径分别对试样进行渗透性实验。具体实验步骤如下:

（1）测量并记录试样基本参数。测量试样直径 D、高度 L,计算试样的截面积 A、体积 V。

（2）安装试样。将热缩管套在试样上,保持试样垂直,使用热风枪从下向上加热均匀密封,随后安装轴向应变传感器和径向应变传感器,连接接头,合上压力室。

（3）运行流体模块中的气体压差传感器、气体压力传感器。

（4）抽真空。首先对试样施加 3 MPa 围压,抽真空 24 h,而后增加围压至预定值,继续抽真空 6 h。

（5）瓦斯吸附平衡。分别打开加载模块和流体模块的温控系统并设定系统温度为 40 ℃,利用计量泵对试样上下游均施加 2 MPa 瓦斯压力（CH_4 纯度为 99.999％）,当计量泵内的体积近似不再变化时即认为试样达到了吸附平衡。

（6）常规三轴加载实验过程中渗透率的测定。在传感器的量程范围内,以 0.04 mm/min 的位移加载方式加载,利用瞬态压力脉冲法测定试样加载过程中渗透率的变化情况。

（7）固定轴向位移卸围压实验过程中渗透率的测定。以 0.04 mm/min 的位移加载方式将试样加载至屈服点以后稍许,同时测定该过程中渗透率的变化情况,随后以 0.25 MPa/min 的围压卸载速率卸载围压。在围压卸载过程中,利用瞬态压力脉冲法测定试样的渗透率。

（8）固定差应力卸围压实验过程中渗透率的测定。在卸围压过程中,利用系统内置的固定差应力时轴向位移进退程序,以 0.04 mm/min 的位移加载方式将试样加载至屈服点后改为应力控制方式,同时测定该过程中渗透率的变化情况,以 0.25 MPa/min 的围压卸载速率卸载围压。在围压卸载过程中,利用瞬态压力脉冲法测定试样的渗透率。

3.5　本章小结

本章内容是后面几章研究的基础,分析了实验设计、实验所用到的相关设备的参数、试样的基本参数及实验方案等,主要研究结论如下:

（1）考虑原煤样的离散性及实验仪器的局限,目前关于卸载过程中损伤演化对渗透性的影响方面的研究较少。鉴于此,本书分别选用固定轴向位移卸围压、固定差应力卸围压两种卸载力学路径,利用力学性质与原煤样相似且离散性小的型煤作为试样,同时采用有效应力原理(CT实时检测实验与渗透性实验采用相同的初始有效围压)在分别获得试样卸载过程中的损伤演化特征、渗透性演化特征的基础上对实验结果进行耦合,分析卸载过程中的煤体损伤演化对瓦斯渗流的影响。

(2)实验所用煤样为取自淮北矿区祁南煤矿最大平均镜质组反射率为1.424 3%的焦煤,其有机显微组分占95.43%,无机显微组分占4.57%。有机显微组分中镜质组占72.84%,惰质组占22.59%,缺少壳质组;无机显微组分中黏土类占4.21%,硫化物占0.36%,未见碳酸盐;煤样的极限吸附量 a 值为19.43 m^3/t,坚固性系数 f 值为0.33,瓦斯放散初速度 ΔP 值为12.2 mmHg,水分含量为1.465%,灰分含量为17.41%,挥发分含量为29.43%。

(3)实验过程中所用试样单轴抗压强度为0.8~1.5 MPa,泊松比约为0.26,弹性模量为6.1 GPa。三轴加载过程中,在试样发生扩容之前,轴向应变对差应力的增加比较敏感,增加相同差应力,轴向应变增加较大;在试样发生扩容以后,径向应变对差应力的增加比较敏感,增加相同差应力,径向应变增加较大。试样的塑性变形特征显著,当被加载至屈服点后,随着不断对试样进行加载,试样开始表现出塑性流动特征。

(4)进行CT实时检测实验时试样初始围压为8 MPa,进行渗透性实验时试样初始围压为6 MPa、8 MPa、10 MPa,孔隙瓦斯压力为2 MPa。实验的加载过程采用0.04 mm/min的轴向位移加载方式,卸载过程采用0.25 MPa/min围压卸载速率的应力控制方式。

第4章　卸载过程中煤体损伤演化特征分析

为分析卸载过程中煤体的损伤演化特征,根据实验设计,分别进行固定轴向位移卸围压、固定差应力卸围压两种卸载力学路径下的 CT 实时检测实验,根据实验过程中获得的 CT 值、CT 图像等分析煤体卸载过程中的损伤演化规律。

4.1　CT 实时检测系统传感器的校核及载荷与围压的关系研究

实验前需要对系统的载荷传感器和位移传感器进行校核,以确保实验过程中获得数据的准确性;同时为了得到实验过程中差应力的真实值,需要获得载荷与围压的关系。

4.1.1　传感器校核

在 CT 实时检测实验过程中,不仅能对试样进行 CT 扫描,而且能测定试样的轴向变形、轴向应力,轴向变形、轴向应力通过位移传感器与载荷传感器测定。实验前,需要对位移传感器、载荷传感器进行校核以确保实验中获得数据的准确性。

4.1.1.1　位移传感器校核

位移传感器为电感传感器,其校核过程中得到的校核参数如表 4-1 所示。

表 4-1　位移传感器校核参数

时间 /min	外露丝杆 圈数/圈	位移显示 读数/mm	百分表读数 /mm	时间 /min	外露丝杆 圈数/圈	位移显示 读数/mm	百分表读数 /mm
0	4.5	0	0	24	19.5	5.36	5.36
2	5.5	0	0	26	21.0	6.36	6.34
4	6.5	0.02	0	28	21.5	7.42	7.40
6	7.5	0.04	0.06	30	22.5	8.30	8.36
8	8.5	0.22	0.25	32	23.5	9.42	9.50
10	9.5	0.40	0.43	34	25.0	10.46	10.60
12	10.5	0.66	0.68	36	26.0	11.50	11.66
14	12.0	1.04	1.03	38	27.0	12.60	12.80
16	13.5	1.62	1.80	40	29.0	13.58	13.75
18	14.5	2.16	2.10	42	30.0	14.54	14.71
20	15.5	3.26	3.24	44	31.5	15.66	15.85
22	17.0	4.32	4.30	46	32.5	16.64	16.95

表 4-1(续)

时间 /min	外露丝杆 圈数/圈	位移显示 读数/mm	百分表读数 /mm	时间 /min	外露丝杆 圈数/圈	位移显示 读数/mm	百分表读数 /mm
48	34.0	17.68	18.00	64	44.0	26.10	26.60
50	35.0	18.6	18.90	66	45.5	27.44	28.00
52	36.0	19.66	20.00	68	47.0	28.22	28.85
54	37.5	20.76	21.10	70	41.5	24.02	24.45
56	39.0	22.02	22.40	72	43.0	25.40	25.56
58	40.5	23.06	23.45	74	44.0	26.10	26.60
60	41.5	24.02	24.45	76	45.5	27.44	28.00
62	43.0	25.40	25.56	78	47.0	28.22	28.85

根据表 4-1,百分表读数与位移显示读数之间的拟合关系如图 4-1 所示。从图 4-1 中可以看出,百分表读数与位移显示读数拟合较好,表明位移传感器可以正常工作。

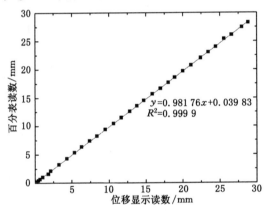

$y=0.981\,76x+0.039\,83$
$R^2=0.999\,9$

图 4-1 位移显示读数与百分表读数的关系

4.1.1.2 载荷传感器校核

根据本书所用试样的力学强度,为减小实验误差,且能满足实验要求,选用 200 kN 载荷传感器进行实验。利用 200 kN 电子万能试验机对载荷传感器进行校核,校核参数如表 4-2 所示。

表 4-2 载荷传感器校核参数

正行程		反行程	
载荷/kN	电压/mV	载荷/kN	电压/mV
0	−0.53	0	−0.51
10	1.06	10	1.07
20	2.64	20	2.65
30	4.22	30	4.24

表 4-2(续)

正行程		反行程	
载荷/kN	电压/mV	载荷/kN	电压/mV
40	5.81	40	5.82
50	7.40	50	7.41
60	8.99	60	8.99
70	10.57	70	10.57
80	12.15	80	12.15

根据表 4-2,对电压和载荷的关系进行拟合,结果如图 4-2 所示。

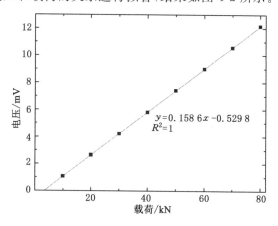

图 4-2　电压与载荷的关系

根据图 4-2,电压与载荷拟合较好,表明载荷传感器可以正常工作。

4.1.2　载荷与围压的关系

为得到实验过程中差应力的真实值,实验前需要确定试样处于静水压力状态下时围压和轴向载荷之间的关系。装样后,利用稳压油源逐步加围压,记录载荷传感器读数,结合传感器标定数值核算出围压与载荷之间关系,如表 4-3 所示。

表 4-3　载荷与围压的关系

围压/MPa	载荷/kN	电压/mV
0	−0.4	−0.125
1	5.4	0.01
2	14.6	0.21
3	22.0	0.40
4	29.2	0.57
5	35.2	0.73
6	42.2	0.89
7	49.2	1.07
8	55.2	1.21

根据表 4-3,采用最小二乘法进行数据拟合,结果如图 4-3 所示。

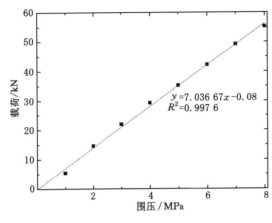

图 4-3　围压与载荷的关系

根据图 4-3,在静水压力状态下,围压与载荷存在如下关系:
$$载荷 = 7.036\ 67 \times 围压 - 0.08 \tag{4-1}$$

根据式(4-1),同时结合试样轴向施加的真实载荷,即可以得出实验过程中差应力的真实值。

4.2　固定轴向位移卸围压过程中煤体损伤演化

根据实验方案,在 CT 实时检测实验过程中,先对试样进行初始状态下的第一次 CT 扫描,随后采用静水压力加载的方式加载至 8 MPa,进而保持围压不变,采用三轴加载的方式将试样加载至屈服点后稍许,对试样进行第二次 CT 扫描,以该力学状态为卸载点,固定轴向位移的同时逐渐卸载围压,并对此卸载过程中处于不同应力状态时的试样进行 CT 扫描。

固定轴向位移卸载围压致试样破坏的原理是,在三轴压力机上将试样加载至预定的轴压、围压,轴向位移被固定后,轴压开始减小,同时随着围压的逐渐卸载,莫尔应力圆会不断增大,当莫尔应力圆与莫尔包络线相切时,试样破坏。

4.2.1　实验过程中获得的应力-应变曲线

图 4-4 为利用 CT 实时检测系统对试样进行固定轴向位移卸围压 CT 实时检测实验过程中获得的应力-应变曲线。

试样卸载点位于屈服点后稍许,从加载开始到卸载点,和前人的研究结论一样,试样经历了压密阶段、弹性变形阶段、开始出现塑性变形阶段。卸载点处的差应力为 14.65 MPa、应变为 3.13%;由于初始卸围压速率较快,围压从 8 MPa 卸载至 6 MPa 的过程中,差应力稍微增大;围压卸载至 6 MPa 时,差应力达到最大值 15.37 MPa(应变为 3.21%);此后,随着围压的不断卸载,差应力开始减小,轴向应变稍微增大。

4.2.2　损伤演化规律

表 4-4、图 4-5 给出了试样固定轴向位移卸围压 CT 实时检测实验过程中获得的 CT 值、CT 图像的变化情况。由于扫描层较多,选择有代表性的第 8 层、第 16 层、第 25 层进行分析。从卸载过程中 CT 值变化情况可知,围压从 8 MPa 卸载至 6 MPa,差应力从 14.7 MPa

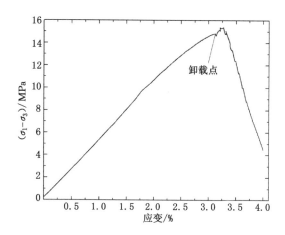

图 4-4　固定轴向位移卸围压过程中应力-应变的关系

增加到15.4 MPa的过程中,各层 CT 值减少较小,这表明此过程中试样的损伤较小。为了节省篇幅,图 4-5 只给出了围压从 4.8 MPa 卸载至 0.8 MPa,差应力从 14.89 MPa 卸载至 4.79 MPa 过程中 CT 图像的变化情况。

表 4-4　固定轴向位移卸围压过程中 CT 值的变化情况

扫描次序	围压/MPa	$(\sigma_1-\sigma_3)$/MPa	第8层		第16层		第25层	
			H	σ	H	σ	H	σ
一	0	0	224.3	27.4	198.0	25.5	172.7	24.6
二	8.0	14.65	279.1	58.4	250.4	73.7	226.6	89.3
三	6.0	15.37	277.4	26.3	248.9	21.7	224.0	20.6
四	4.8	14.89	272.5	88.7	242.9	101.4	218.5	103.5
五	3.6	13.25	269.4	27.0	236.0	21.2	213.6	20.0
六	2.4	11.33	266.5	27.4	223.2	22.4	199.0	21.3
七	0.8	4.79	251.7	28.8	199.2	30.4	176.1	33.3

注:H 表示 CT 值,HU;σ 表示 CT 值方差,HU。

固定轴向位移卸围压过程中试样的具体损伤演化过程如下:

(1)初始状态扫描(第一次 CT 扫描)。初始状态下各扫描层 CT 值均不同,表明扫描层初始损伤各异。

(2)围压 8 MPa,差应力 14.65 MPa 时扫描(第二次 CT 扫描)。与初始应力状态(差应力为 0 MPa)相比,第8层 CT 值增加了 54.8 HU,第16层 CT 值增加了 52.4 HU,第25层 CT 值增加了 53.9 HU。各扫描层 CT 值的增大表明,围压和差应力的增加使试样被压密。

(3)围压 6 MPa,差应力 15.37 MPa 时扫描(第三次 CT 扫描)。较第二次扫描,第8层 CT 值减小了 1.7 HU,第16层 CT 值减小了 1.5 HU,第25层 CT 值减小了 2.6 HU,这表明试样已出现损伤。

(4)围压 4.8 MPa,差应力 14.89 MPa 时扫描[第四次 CT 扫描,图 4-5(a₁)、图 4-5(b₁)、图 4-5(c₁)]。较第三次扫描,第8层 CT 值减小了 4.9 HU,第16层 CT 值减小了 6.0 HU,

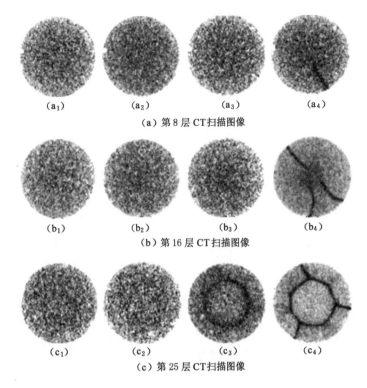

(a) 第 8 层 CT 扫描图像

(b) 第 16 层 CT 扫描图像

(c) 第 25 层 CT 扫描图像

图 4-5　围压为 4.8 MPa、3.6 MPa、2.4 MPa、0.8 MPa 时 CT 图像变化情况

第 25 层 CT 值减小了 5.5 HU,这表明试样损伤继续发育。

（5）围压 3.6 MPa,差应力 13.25 MPa 时扫描[第五次 CT 扫描,图 4-5(a_2)、图 4-5(b_2)、图 4-5(c_2)]。较第四次扫描,第 8 层 CT 值减小了 3.1 HU,第 16 层 CT 值减小了 6.9 HU,第 25 层 CT 值减小了 4.9 HU,结合第三次 CT 扫描得到的 CT 值可知,损伤正在逐渐累积。

（6）围压 2.4 MPa,差应力 11.33 MPa 时扫描[第六次 CT 扫描,图 4-5(a_3)、图 4-5(b_3)、图 4-5(c_3)]。较第五次扫描,第 16 层和第 25 层 CT 值减小较多,分别为 12.8 HU、14.6 HU,而第 8 层 CT 值减小了 2.9 HU。由 CT 图像可知,该应力状态下第 16 层和第 25 层出现大的损伤区域,特别是第 25 层,已出现明显的环状损伤裂纹。

（7）围压 0.8 MPa,差应力 4.79 MPa 时扫描[第七次 CT 扫描,图 4-5(a_4)、图 4-5(b_4)、图 4-5(c_4)]。较第六次扫描,第 8 层 CT 值减小了 14.8 HU,第 16 层 CT 值减小了 24.0 HU,第 25 层 CT 值减小了 22.9 HU。根据 CT 图像,第 8 层和第 16 层也出现了明显的损伤裂纹,而第 25 层环状损伤裂纹继续向四周扩展。

扫描层的 CT 值是其密度的反映,CT 值分布的非均匀性能间接反映扫描层的损伤演化情况。为分析各扫描层不同区域损伤演化情况,引入能综合反映 CT 值、CT 值方差的变量 Ω,定义变量 Ω 为 CT 损伤值。

$$\Omega = \frac{\sigma}{H + 1\,000} \tag{4-2}$$

式中　σ——CT 值方差,HU;

　　　H——CT 值,HU。

利用式(4-2)计算了能反映各扫描层 CT 值分布非均匀性也即损伤演化情况的 Ω 值,如图 4-6 至图 4-8 所示(图中横坐标表示所研究圆形区域距离扫描层中心的半径)。固定轴向

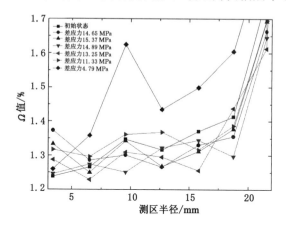

图 4-6　卸载过程中第 8 层不同测区 Ω 值

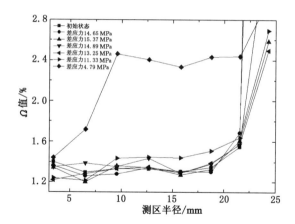

图 4-7　卸载过程中第 16 层不同测区 Ω 值

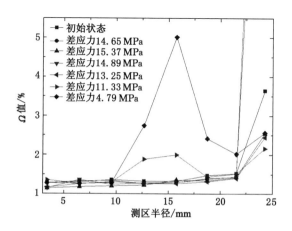

图 4-8　卸载过程中第 25 层不同测区 Ω 值

位移卸围压过程中,CT 损伤值 Ω 在各扫描层局部区域有所变化。但当围压卸载至 0.8 MPa,差应力卸载至 4.79 MPa 时,各扫描层局部区域 Ω 值出现突增,对照 CT 图像的变化可知,Ω 值增大的局部区域出现损伤裂纹。另外,由于 CT 成像的卷积伪影的存在,试样边缘的 Ω 值也较大,不作为分析依据。

4.3 固定差应力卸围压过程中煤体损伤演化

根据实验方案,在 CT 扫描实验过程中,先对试样进行初始状态下的第一次 CT 扫描,随后采用静水压力加载的方式加载至 8 MPa,进而保持围压不变,采用三轴加载的方式将试样加载至屈服点后稍许,对试样进行第二次 CT 扫描,以该力学状态为卸载点,固定差应力的同时逐渐卸载围压,并对此卸载过程中处于不同应力状态时的试样分别进行 CT 扫描。

4.3.1 实验过程中获得的应力-应变曲线

图 4-9 为利用 CT 实时检测系统对试样进行固定差应力卸围压 CT 实时检测实验过程中获得的应力-应变曲线。

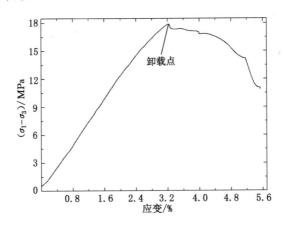

图 4-9 固定差应力卸围压过程中应力-应变的关系

由于试样间存在误差,进行固定差应力卸围压实验时,屈服点处的应力、应变较固定轴向位移卸围压实验有所不同。试样卸载点位于屈服点后稍许,从加载开始到卸载点,试样也经历了压密阶段、弹性变形阶段、开始出现塑性变形阶段。卸载点处的差应力为 17.84 MPa,应变为 3.19%;在围压卸载至 6 MPa 以前,进行固定差应力卸围压的实验过程中基本上能维持差应力不变;在围压卸载至 6 MPa 以后,差应力开始逐渐减小,试样的轴向应变快速增长。

4.3.2 损伤演化规律

表 4-5、图 4-10 给出了试样固定差应力卸围压过程中得到的 CT 值与 CT 图像,选择有代表性的第 6 层、第 15 层、第 23 层进行分析。为了节省篇幅,也只给出围压为 4.8 MPa、差应力为 17.13 MPa 及小于该应力状态卸载过程中的 CT 图像。

表 4-5　固定差应力卸围压过程中 CT 值的变化情况

扫描次序	围压/MPa	$(\sigma_1 - \sigma_3)$ /MPa	第 6 层		第 15 层		第 23 层	
			H	σ	H	σ	H	σ
一	0	0	184.0	21.6	208.6	22.3	234.3	22.1
二	8.0	17.84	237.3	20.1	257.8	21.8	281.4	21.3
三	6.0	17.73	233.1	19.8	252.3	21.5	277.0	21.4
四	4.8	17.13	224.3	19.2	244.2	21.4	274.4	21.0
五	3.6	14.29	206.7	21.9	226.3	21.0	270.8	22.0
六	2.4	10.89	195.6	27.5	207.3	23.8	259.9	22.4

注：H 表示 CT 值，HU；σ 表示 CT 值方差，HU。

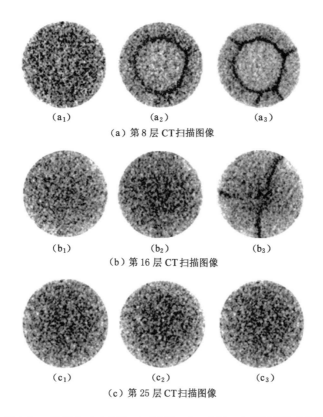

（a₁）　　　　（a₂）　　　　（a₃）

（a）第 8 层 CT 扫描图像

（b₁）　　　　（b₂）　　　　（b₃）

（b）第 16 层 CT 扫描图像

（c₁）　　　　（c₂）　　　　（c₃）

（c）第 25 层 CT 扫描图像

图 4-10　围压为 4.8 MPa、3.6 MPa、2.4 MPa 时 CT 图像变化情况

固定差应力卸围压过程中试样的具体损伤演化过程如下：

（1）初始状态扫描（第一次 CT 扫描）。各扫描层 CT 值存在差异，表明扫描层初始损伤不同。

（2）围压 8 MPa，差应力 17.84 MPa 时扫描（第二次 CT 扫描）。与初始状态相比，第 6 层 CT 值增加了 53.3 HU，第 15 层 CT 值增加了 49.2 HU，第 23 层 CT 值增加了 47.1 HU，CT 值的增大表明围压和差应力的增加使试样被压密。

（3）围压 6 MPa，差应力 17.73 MPa 时扫描（第三次 CT 扫描）。较第二次扫描，第 6 层 CT 值减小了 4.2 HU，第 15 层 CT 值减小了 5.5 HU，第 23 层 CT 值减小了 4.4 HU，CT 值开始减小表明试样已出现损伤。

（4）围压 4.8 MPa，差应力 17.13 MPa 时扫描[第四次 CT 扫描，图 4-10(a_1)、图 4-10(b_1)、图 4-10(c_1)]。较第三次扫描，第 6 层 CT 值减小了 8.8 HU，第 15 层 CT 值减小了 8.1 HU，第 23 层 CT 值减小了 2.6 HU，这表明各扫描层的损伤继续发展。

（5）围压 3.6 MPa，差应力 14.29 MPa 时扫描[第五次 CT 扫描，图 4-10(a_2)、图 4-10(b_2)、图 4-10(c_2)]。较第四次扫描，与第二次、第三次扫描相比，第 6 层和第 15 层 CT 值减少较大，分别为 17.6 HU 和 17.9 HU；对比 CT 图像，第 6 层出现了与图 4-5(c_3)一样的环形损伤裂纹，第 15 层损伤也明显。

（6）围压 2.4 MPa，差应力 10.89 MPa 时扫描[第六次 CT 扫描，图 4-10(a_3)、图 4-10(b_3)、图 4-10(c_3)]。较第五次扫描，第 6 层 CT 值减小了 11.1 HU，第 15 层 CT 值减小了 19.0 HU，第 23 层 CT 值减小了 10.9 HU。根据 CT 图像，第 15 层也出现了明显的损伤裂纹，而第 6 层原来的环状损伤裂纹继续向四周扩展。

根据固定差应力卸围压 CT 实时检测实验过程中获得的各扫描层不同测区 CT 值与 CT 值方差，利用式(4-2)计算了该卸载力学路径下各扫描层的 CT 损伤值 Ω，如图 4-11 至图 4-13 所示（图中横坐标表示所研究圆形区域距离扫描层中心的半径）。与固定轴向位移卸围压过程中得到的 CT 损伤值一样，卸载过程中局部区域 CT 损伤值有变化，当局部区域出现明显的损伤裂纹时，该区域 CT 损伤值明显增大。

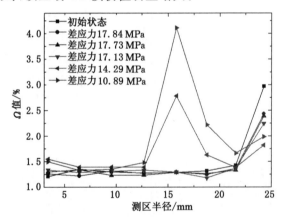

图 4-11　卸载过程中第 6 层不同测区 Ω 值

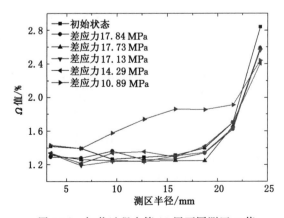

图 4-12　卸载过程中第 15 层不同测区 Ω 值

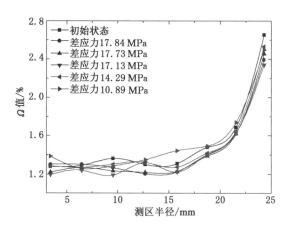

图 4-13 卸载过程中第 23 层不同测区 Ω 值

4.4 不同卸载力学路径下损伤差异性

4.4.1 不同卸载力学路径下试样的破坏特征

CT 实时检测实验过程中,在固定轴向位移卸围压、固定差应力卸围压两种卸载力学路径下,试样最终破坏的轴向 CT 扫描图像如图 4-14 和图 4-15 所示。

对照图 4-5 和图 4-10 试样最终破坏时径向 CT 扫描图像,同时结合轴向 CT 扫描图像可知,与原煤样的破坏特征存在差异,型煤试样最终破坏时内部裂纹呈倒锥形。

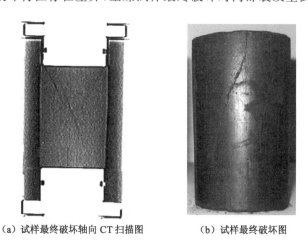

(a)试样最终破坏轴向 CT 扫描图　　　　　　(b)试样最终破坏图

图 4-14 固定轴向位移卸围压试样最终破坏图

CT 值是扫描层密度的反映,CT 值越大,表明物质的密度越大。对照图 4-16、图 4-17 所示的试样初始扫描时各扫描层的 CT 值可知,试样最终破坏均发生在低 CT 值段,因此可以推断,在载荷作用下,试样首次从低密度段发生破坏,进而向高密度段发展。

4.4.2 同一试样不同层位损伤差异性

损伤具有应力敏感性,卸载力学路径的不同导致试样损伤演化存在差异。

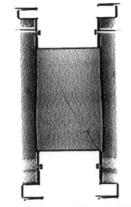

（a）试样最终破坏轴向CT扫描图　　　　（b）试样最终破坏图

图 4-15　固定差应力卸围压试样最终破坏图

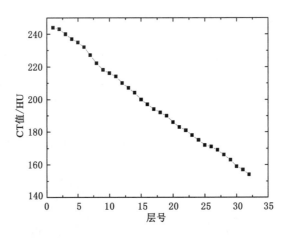

图 4-16　固定轴向位移卸围压试样初始扫描时各扫描层对应的 CT 值

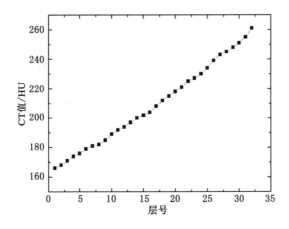

图 4-17　固定差应力卸围压试样初始扫描时各扫描层对应的 CT 值

固定轴向位移卸围压 CT 实时检测实验过程中所用试样第 8 层、第 16 层、第 25 层的初始 CT 值分别为 224.3 HU、198.0 HU、172.7 HU；固定差应力卸围压 CT 实时检测实验过程中所用试样第 6 层、第 15 层、第 23 层的初始 CT 值分别为 184.0 HU、208.6 HU、234.3 HU。因此,固定轴向位移卸围压 CT 实时检测实验所用试样的第 8 层初始密度最大,第 16 层次之,第 25 层最小;相同地,固定差应力卸围压 CT 实时检测实验所用试样的第 6 层初始密度最小,第 15 层次之,第 23 层最大。

根据 CT 扫描图像可知,固定轴向位移卸围压实验时,第 8 层的损伤区域最小,第 25 层的损伤区域最大;固定差应力卸围压实验时,第 6 层的损伤区域最大,第 25 层的损伤区域最小。因此,结合各扫描层的初始密度可以推断,扫描层密度的差异造成了损伤的差异性;密度越小的扫描层在载荷作用下损伤发展越快,如固定差应力卸围压 CT 实时检测实验所用的试样发生破坏时,第 6 层出现了向四周扩展的环状损伤裂纹,而第 25 层未出现明显的损伤裂纹。

由不同卸载力学路径下试样的 CT 实时检测实验可知,与卸载点的差应力相比,当均有环状损伤裂纹出现时[图 4-5(c_3)、图 4-10(a_2)],固定差应力卸围压卸载力学路径下的差应力相对减小量为 16.6%,而固定轴向位移卸围压卸载力学路径下的差应力相对减小量为 14.5%,且固定差应力卸围压实验时所引起试样轴向应变的相对增量远远大于固定轴向位移卸围压实验。

综上所述,固定差应力卸围压卸载力学路径对试样造成的损伤更大。

4.5　本章小结

保护层开采后,被保护层煤体要经历先加载后卸载的受力过程。通过模拟被保护层卸载煤体的受力过程,在实验室采用固定轴向位移卸围压、固定差应力卸围压两种卸载力学路径,利用能检测到卸载过程中试样损伤的 CT 实时监测实验对卸载过程中煤体的损伤演化特征进行分析。在研究被保护层煤体损伤演化时,以往的研究往往偏重于从宏观角度进行,本章重点从细观角度分析了煤体卸载过程中损伤演化规律,主要研究结论如下:

（1）采用 CT 实时检测实验对固定轴向位移卸围压与固定差应力卸围压两种卸载力学路径下试样的损伤演化特征进行了分析。实验前对 CT 检测系统的位移传感器、载荷传感器进行了校核,校核结果表明,位移传感器与载荷传感器均能正常工作。

（2）固定轴向位移卸围压与固定差应力卸围压两种卸载力学路径下煤体损伤演化规律相似。具体的损伤演化如下:初始状态→压密→出现损伤→损伤继续发育→损伤积累→产生环状损伤裂纹→试样破坏。

（3）卸载过程中,损伤是逐渐积累的。初始卸载阶段损伤发育缓慢,随着损伤的积累,在本书所用的实验条件下,从围压卸载至 4.8 MPa,差应力卸载至 14.89 MPa 开始,损伤增长速度加快,以固定轴向位移卸围压卸载力学路径下试样第 25 扫描层的损伤演化过程加以说明。从围压为 8 MPa、差应力为 14.65 MPa 卸载至围压为 6 MPa、差应力为 15.37 MPa,CT 值减小了 2.6 HU;卸载至围压为 4.8 MPa、差应力为 14.89 MPa 时,与上一应力状态相比,CT 值减小了 5.5 HU;卸载至围压为 3.6 MPa、差应力为 13.25 MPa 时,较上一应力状态,CT 值减小了 4.9 HU;卸载至围压为 2.4 MPa、差应力为 11.33 MPa 时,较上一应力状态,CT 值减小了 14.6 HU;卸载至围压为 0.8 MPa、差应力为 4.79 MPa 时,与上一应力状态相比,CT 值减小了 22.9 HU。

(4) 试样最终破坏时径向出现环状松弛裂纹,结合轴向 CT 扫描图像可知,与原煤样的破坏特征存在差异,型煤试样最终破坏时内部裂纹呈现倒锥形,且在载荷作用下,试样首次从低密度段发生破坏,进而向高密度段发展。

(5) 试样扫描层密度的差异造成了损伤的差异性,密度越小的扫描层在载荷作用下损伤发展越快,损伤裂纹出现得也就越早;损伤具有应力敏感性,卸载力学路径的不同导致试样损伤演化产生差异。对比两种卸载力学路径下 CT 实时检测实验的结果可知,固定差应力卸围压对试样造成的损伤更大。

第5章 卸载过程中煤体渗透性演化特征分析

在载荷作用下煤岩材料内部出现损伤,孔隙、裂隙结构发生改变,随之渗透率也发生变化。前一章通过 CT 实时检测实验分析了不同卸载力学路径下煤体的损伤演化特征,本章重点通过渗透性实验来分析煤体卸载过程中渗透性的变化特征。

在实验室通过煤岩应力-渗透耦合仪对卸载过程中煤试样的渗透率进行测定。根据实验方案,和 CT 实时检测实验一样,选择固定轴向位移卸围压和固定差应力卸围压两种卸载力学路径研究煤试样卸载过程中渗透率的变化特征。实验过程中渗透率的测定采用瞬态压力脉冲法,实验时的孔隙瓦斯(CH_4 纯度为 99.999%)压力为 2 MPa,分别采用初始围压 10 MPa、8 MPa、6 MPa 测定固定轴向位移卸围压和固定差应力卸围压两种卸载力学路径下试样在卸载过程中渗透率的变化情况。

5.1 煤体渗透率主要影响因素

5.1.1 克林肯贝格效应

研究发现,当分子的平均自由程与孔裂隙系统的直径接近时,会出现气体分子沿孔裂隙面滑移的现象,从而加速气体分子的流动,这种现象就称为克林肯贝格效应[176]。克林肯贝格效应的控制方程为:

$$k_g = k_\infty \left(1 + \frac{b}{p}\right) \tag{5-1}$$

式中　　k_∞——绝对渗透率,mD;

$\quad\quad\;\; k_g$——相对渗透率,mD;

$\quad\quad\;\; b$——克林肯贝格因子;

$\quad\quad\;\; p$——孔隙气体压力,MPa。

根据式(5-1)可知,当气体压力较小时,克林肯贝格效应明显;当气体压力较大时,克林肯贝格效应可以忽略。

5.1.2 有效应力

W. H. Somerton 等[131]、S. Durucan 等[138]、S. G. Wang 等[140]、D. Jasinge 等[145]、P. Q. Huy 等[152]在固定孔隙瓦斯压力的条件下,研究了有效应力对渗透率的影响,认为平均有效应力是渗透率发生改变的主要控制因素。不同有效应力下,渗透率的测定结果如图 5-1 和图 5-2 所示。

有效应力的变化会改变煤体的裂隙系统,进而影响渗透率的变化。有效应力增大,裂隙系统发生闭合;反之,有效应力减小,裂隙系统会张开。

5.1.3 气体种类与气体压力

煤有吸附性,煤体吸附瓦斯后发生基质膨胀,瓦斯解吸后基质又会收缩,同时煤体吸附

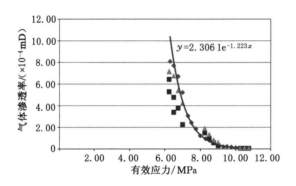

图 5-1 有效应力与渗透率的关系[145]

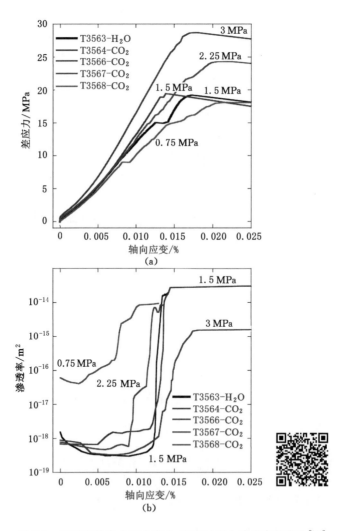

图 5-2 不同有效应力下全应力-应变过程中渗透率的变化[140]

瓦斯后,瓦斯渗流通道改变。因此,由于煤体对不同种类的气体吸附能力不一样,吸附瓦斯造成的基质膨胀/收缩、吸附层的厚度存在差异,对于不同种类的气体,煤体的渗透率也会存在差异。

图 5-3 给出了固定气体压力的情况下,非吸附气体氦气及吸附气体甲烷、二氧化碳对煤体渗透率的影响。从图 5-3 中可以看出,在相同的实验条件下,不同种类气体对煤体渗透率的影响规律近似为,用非吸附气体氦气测定的煤体渗透率最大,用吸附能力最强的二氧化碳测定的煤体渗透率最小,用甲烷测定的煤体渗透率处于中间。

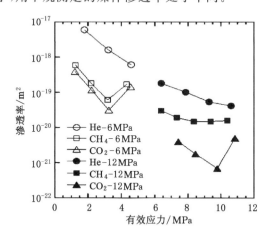

图 5-3　气体种类对煤体渗透率的影响[174]

对于非吸附气体,随着有效应力的增大,其渗透率减小;而对于吸附气体,由于克林肯贝格效应的存在,随着有效应力的不断增大,其渗透率与有效应力呈现"V"字形关系。

5.2　固定轴向位移卸围压过程中煤体渗透性的变化

根据三轴压力机的特性可知,当固定轴向位移时,轴压不能维持不变,而将逐渐减小。根据实验方案,先将初始围压分别为 10 MPa、8 MPa、6 MPa 的试样加载至屈服点后稍许,然后在固定轴向位移卸围压的卸载力学路径下测定试样在卸载过程中渗透率的变化情况。

5.2.1　围压 10 MPa

围压为 10 MPa,瓦斯压力为 2 MPa 时,采用瞬态压力脉冲法测定的固定轴向位移卸围压过程中试样差应力与围压的关系及差应力、渗透率与应变的关系如图 5-4 和图 5-5 所示。

由图 5-4 可知,固定轴向位移卸围压的卸载力学路径下,差应力与围压同时减小。初始阶段,随着围压的卸载,差应力减小速率不大;当损伤累积到一定程度,围压继续卸载至 7 MPa 后,差应力减小速率明显增大。

根据图 5-5 获得的围压 10 MPa 固定轴向位移卸围压的卸载力学路径下渗透性实验的结果,当试样处于 10 MPa 静水压力状态时,试样的初始渗透率为 0.429 mD。维持围压 10 MPa 不变,加载试样至卸载点附近的过程中即从弹性阶段加载至屈服点后稍许,渗透率一直在减小。由于在固定轴向位移卸围压的卸载力学路径下不能对卸载点处的渗透率进行测定,只测定了卸载点附近试样的渗透率,为 0.316 mD。围压卸载至 9 MPa、8 MPa、7 MPa、6 MPa、5 MPa、4 MPa 时对应的渗透率分别为 0.322 mD、0.332 mD、0.360 mD、0.450 mD、0.574 mD、0.939 mD。

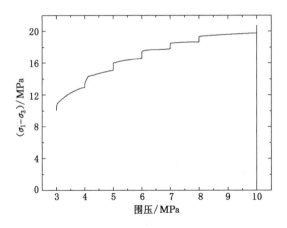

图 5-4　围压 10 MPa 固定轴向位移卸围压过程中差应力与围压的关系

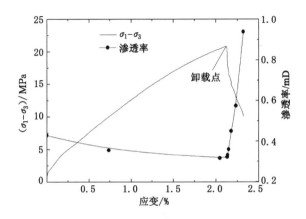

图 5-5　围压 10 MPa 固定轴向位移卸围压过程中差应力、渗透率与应变的关系

5.2.2　围压 8 MPa

围压为 8 MPa,瓦斯压力为 2 MPa 时,采用瞬态压力脉冲法测定的固定轴向位移卸围压过程中试样差应力与围压的关系及差应力、渗透率与应变的关系如图 5-6 和图 5-7 所示。

由图 5-6 可知,与围压 10 MPa 固定轴向位移卸围压的卸载力学路径下差应力与围压的关系一样,差应力与围压同时减小。初始阶段,随着围压的卸载,差应力减小速率不大;当损伤累积到一定程度,围压继续卸载至 6 MPa 后,差应力减小速率明显增大。

根据图 5-7 获得的围压 8 MPa 固定轴向位移卸围压的卸载力学路径下渗透性实验的结果,当试样处于 8 MPa 静水压力状态时,试样的初始渗透率为 1.689 mD。维持围压 8 MPa 不变,加载试样至卸载点附近的过程中,渗透率一直在减小。由于在固定轴向位移卸围压的卸载力学路径下不能对卸载点处的渗透率进行测定,只测定了卸载点附近试样的渗透率,为 0.901 mD。围压卸载至 7 MPa、6 MPa、5 MPa、4 MPa、3 MPa 时,渗透率分别为 0.941 mD、1.043 mD、1.160 mD、1.404 mD、1.841 mD。

5.2.3　围压 6 MPa

围压为 8 MPa,瓦斯压力为 2 MPa 时,采用瞬态压力脉冲法测定的固定轴向位移卸围压过程中试样差应力与围压的关系及差应力、渗透率与应变的关系如图 5-8 和图 5-9 所示。

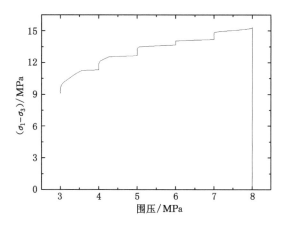

图 5-6　围压 8 MPa 固定轴向位移卸围压过程中差应力与围压的关系

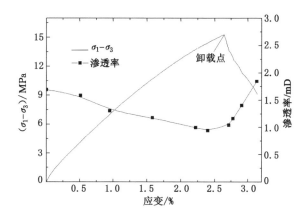

图 5-7　围压 8 MPa 固定轴向位移卸围压过程中差应力、渗透率与应变的关系

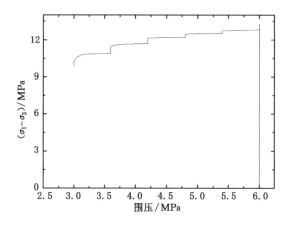

图 5-8　围压 6 MPa 固定轴向位移卸围压过程中差应力与围压的关系

　　由图 5-8 可知,与围压 10 MPa、围压 8 MPa 固定轴向位移卸围压的卸载力学路径下差应力与围压的关系一样,差应力与围压同时减小。初始阶段,随着围压的卸载,差应力减小速率不大;当损伤累积到一定程度,围压继续卸载至 4.8 MPa 后,差应力减小速率明显

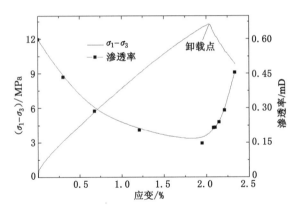

图 5-9 围压 6 MPa 固定轴向位移卸围压过程中差应力、渗透率与应变的关系

增大。

根据图 5-9 获得的围压 6 MPa 固定轴向位移卸围压的卸载力学路径下渗透性实验的结果，当试样处于 6 MPa 静水压力状态时，试样的初始渗透率为 0.598 mD。维持围压 6 MPa 不变，加载试样至卸载点附近的过程中，渗透率一直在减小。由于在固定轴向位移卸围压的卸载力学路径下不能对卸载点处的渗透率进行测定，只测定了卸载点附近试样的渗透率，为 0.148 mD。围压卸载至 5.4 MPa、4.8 MPa、4.2 MPa、3.6 MPa、3 MPa 时，渗透率分别为 0.215 mD、0.216 mD、0.240 mD、0.291 mD、0.454 mD。

5.2.4 不同围压下渗透性结果比较

固定轴向位移卸围压的卸载力学路径下，差应力与围压同时减小。初始阶段，随着围压的卸载，差应力减小速率不大。初始围压为 10 MPa 的试样，当围压卸载至 7 MPa 后，差应力减小速率明显增大；初始围压为 8 MPa 的试样，当围压卸载至 6 MPa 后，差应力减小速率明显增大；初始围压为 6 MPa 的试样，当围压卸载至 4.8 MPa 后，差应力减小速率明显增大。

固定轴向位移卸围压实验过程中渗透率的测试结果表明，尽管初始围压不同，试样的屈服点不同，但在卸载过程中，试样的变形规律、渗透性演化规律存在一致性。

根据实验结果还可以看出，围压越小，试样的屈服点的应力越小；和 CT 实时检测实验一样，采用固定轴向位移卸围压的卸载力学路径对试样进行卸载实验由于卸载过程中莫尔应力圆的直径即轴压与围压差会不断增大，轴向应变会稍微增大。

在卸载点前，即试样从静水压力状态被加载至屈服点后稍许的过程中，渗透率一直在减小，且越靠近屈服点，渗透率的相对减小率越小；与卸载点处的渗透率相比，试样卸载过程中渗透率逐渐增加，渗透率增加率不断增大。同时，渗透率在增大的过程中存在一个阈值，超过该阈值后，随着对试样卸载的不断进行，渗透率增加率开始明显增加；且对照卸载过程中围压与差应力关系曲线可知，阈值点也即卸载过程中差应力减小率明显增加的应力状态。

5.3 固定差应力卸围压过程中煤体渗透性的变化

本节研究固定差应力卸围压过程中煤体渗透性的变化情况。固定差应力卸围压卸载力学路径下差应力的恒定是通过所用的渗透率测定仪器即煤岩应力-渗透耦合仪内置的轴向位移自动增补程序来实现的。根据实验方案,先将初始围压分别为 10 MPa、8 MPa、6 MPa 的试样加载至屈服点后稍许,然后在固定差应力卸围压的卸载力学路径下测定试样在卸载过程中渗透率的变化情况。

5.3.1　围压 10 MPa

围压为 10 MPa,瓦斯压力为 2 MPa 时,采用瞬态压力脉冲法测定的固定差应力卸围压过程中试样差应力与围压的关系及差应力、渗透率与应变的关系如图 5-10 和图 5-11 所示。

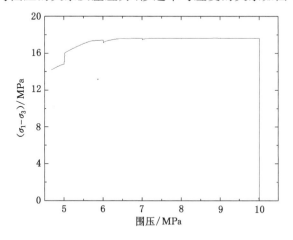

图 5-10　围压 10 MPa 固定差应力卸围压过程中差应力与围压的关系

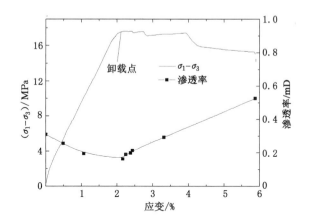

图 5-11　围压 10 MPa 固定差应力卸围压过程中差应力、渗透率与应变的关系

由图 5-10 可知,固定差应力卸围压的卸载力学路径下,卸载初期,围压卸载至 7 MPa 之前,随着围压的卸载,差应力可维持不变;围压卸载至 7 MPa 以后,试样开始破坏,随着围压的逐渐卸载,差应力也开始减小。

根据图 5-11 所示的围压 10 MPa 固定差应力卸围压的卸载力学路径下渗透性实验的结果,当处于 10 MPa 静水压力状态时,试样初始渗透率为 0.31 mD。维持围压 10 MPa 不变,加载试样至卸载点的过程中,渗透率一直在减小,卸载点处的渗透率为 0.163 mD。围压卸载至 9 MPa、8 MPa、7 MPa、6 MPa、5 MPa 时,测定的试样渗透率分别为 0.190 mD、0.199 mD、0.213 mD、0.295 mD、0.526 mD。

5.3.2 围压 8 MPa

围压为 8 MPa,瓦斯压力为 2 MPa 时,采用瞬态压力脉冲法测定的固定差应力卸围压过程中试样差应力与围压的关系及差应力、渗透率与应变的关系如图 5-12 和图 5-13 所示。

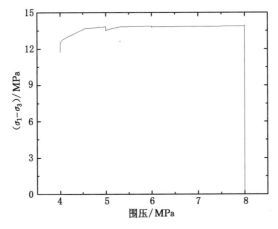

图 5-12　围压 8 MPa 固定差应力卸围压过程中差应力与围压的关系

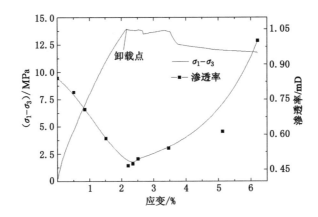

图 5-13　围压 8 MPa 固定差应力卸围压过程中差应力、渗透率与应变的关系

由图 5-12 可知,与围压 10 MPa 固定差应力卸围压的卸载力学路径下得到的结果一样,卸载初期,围压卸载至 5.5 MPa 之前,随着围压的卸载,差应力可维持不变;围压卸载至 5.5 MPa 以后,试样开始破坏,随着围压的逐渐卸载,差应力也开始减小。

根据图 5-13 所示的围压 8 MPa 固定差应力卸围压的卸载力学路径下渗透性实验的结果,当处于 8 MPa 静水压力状态时,试样初始渗透率为 0.841 mD。维持围压 8 MPa 不变,加载试样至卸载点的过程中,渗透率一直减小,卸载点处的渗透率为 0.467 mD。围压卸载至 7 MPa、6 MPa、5 MPa、4 MPa、3 MPa 时,测定的试样渗透率分别为 0.476 mD、0.496 mD、0.541 mD、0.613 mD、1.001 mD。

5.3.3 围压 6 MPa

围压为 6 MPa,瓦斯压力为 2 MPa 时,采用瞬态压力脉冲法测定的固定差应力卸围压过程中试样差应力与围压的关系及差应力、渗透率与应变的关系如图 5-14 和图 5-15 所示。

由图 5-14 可知,与围压 10 MPa、8 MPa 固定差应力卸围压的卸载力学路径下得到的结

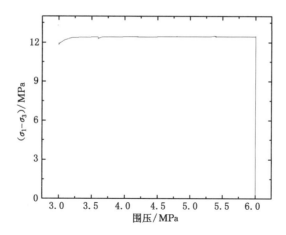

图 5-14　围压 6 MPa 固定差应力卸围压过程中差应力与围压的关系

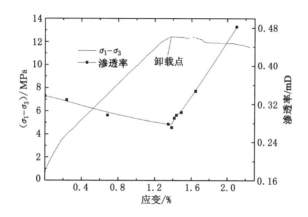

图 5-15　围压 6 MPa 固定差应力卸围压过程中差应力、渗透率与应变的关系

果一样,卸载初期,围压卸载至 3.6 MPa 之前,随着围压的卸载,差应力可维持不变;围压卸载至 3.6 MPa 以后,试样开始破坏,随着围压的逐渐卸载,差应力也开始减小。

根据图 5-15 所示的围压 6 MPa 固定差应力卸围压的卸载力学路径下渗透性实验的结果,当试样处于 8 MPa 静水压力状态时,初始渗透率为 0.337 mD。维持围压 6 MPa 不变,加载试样至卸载点的过程中,渗透率一直减小,卸载点处的渗透率为 0.270 mD。围压卸载至 5.4 MPa、4.8 MPa、4.2 MPa、3.6 MPa、3 MPa 时,测定的试样渗透率分别为 0.292 mD、0.297 mD、0.302 mD、0.347 mD、0.482 mD。

5.3.4　不同围压下渗透性结果比较

固定差应力卸围压的卸载力学路径下,初始阶段,随着围压的卸载,差应力维持不变。初始围压为 10 MPa 的试样,当围压卸载至 7 MPa 后,差应力不能维持,开始减小;初始围压为 8 MPa 的试样,当围压卸载至 5.5 MPa 后,差应力不能维持,开始减小;初始围压为 6 MPa 的试样,当围压卸载至 3.6 MPa 后,差应力不能维持,开始减小。

固定差应力卸围压的卸载力学路径下渗透性实验的结果表明,尽管各试样初始围压不同,卸载点的应力状态也不一样,采用固定差应力卸围压的卸载力学路径进行渗透率测试时,试样的变形规律和渗透性演化规律存在一致性。与固定轴向位移卸围压渗透性实验相比,进行固定差应力卸围压渗透性实验时,由于差应力保持不变,试样的轴向变形较大。另外,围压越小,试样的屈服点处的差应力也越小。

在卸载点前即试样从静水压力状态被加载至屈服点后稍许的过程中,渗透率一直在减小,且距离屈服点越近,渗透率减小率越小;与卸载点的渗透率相比,卸载过程中渗透率逐渐增大,且随着载荷(轴压、围压)逐渐被卸除,渗透率增大率变大。从卸载过程中渗透率的变化情况可以看出,和固定轴向位移卸围压渗透性实验一样,渗透率在增大过程中也存在一个阈值,超过该阈值后,增透率增大率开始明显增加;且对照卸载过程中围压与差应力关系曲线可知,阈值点也即卸载过程中差应力不能再维持不变的应力状态。

5.4　卸载路径下渗透性变化特征

对图 5-5、图 5-7、图 5-9、图 5-11、图 5-13、图 5-15 所示的固定轴向位移卸围压、固定差应力卸围压两种卸载力学路径下卸载点前加载阶段和卸载点后卸载阶段试样轴向应变与渗透率的关系进行拟合,如表 5-1 所示。

表 5-1　试样渗透率与轴向应变的关系

围压/MPa	卸载力学路径	加载阶段	相关系数	卸载阶段	相关系数
10	固定差应力卸围压	$k = 0.295\,8\mathrm{e}^{-0.297\,2\varepsilon}$	0.941 7	$k = 0.107\,6\mathrm{e}^{0.274\,5\varepsilon}$	0.979 9
	固定轴向位移卸围压	$k = 0.415\,1\mathrm{e}^{-0.141\,7\varepsilon}$	0.916 3	$k = 0.000\,002\mathrm{e}^{5.598\,6\varepsilon}$	0.995 6
8	固定差应力卸围压	$k = 0.871\,2\mathrm{e}^{-0.269\,9\varepsilon}$	0.987 8	$k = 0.273\,6\mathrm{e}^{0.190\,8\varepsilon}$	0.869 2
	固定轴向位移卸围压	$k = 1.682\,8\mathrm{e}^{-0.238\,1\varepsilon}$	0.995 2	$k = 0.020\,6\mathrm{e}^{1.442\,5\varepsilon}$	0.986 1
6	固定差应力卸围压	$k = 0.336\,8\mathrm{e}^{-0.153\,9\varepsilon}$	0.978 2	$k = 0.102\,0\mathrm{e}^{0.739\,7\varepsilon}$	0.998 1
	固定轴向位移卸围压	$k = 0.532\,8\mathrm{e}^{-0.713\,3\varepsilon}$	0.959 2	$k = 0.000\,3\mathrm{e}^{3.066\,9\varepsilon}$	0.983 2

由表 5-1 拟合的初始围压分别为 10 MPa、8 MPa、6 MPa 固定轴向位移卸围压与固定差应力卸围压过程卸载点前加载阶段和卸载点后卸载阶段渗透率与轴向应变的关系可知:在卸载点前的加载阶段,渗透率与轴向应变呈负指数函数关系;在卸载阶段,渗透率与轴向应变呈正指数函数关系。将表 5-1 中卸载点前加载阶段、卸载点后卸载阶段渗透率与轴向应变的拟合关系写成一般形式。

(1)卸载点前的加载阶段

$$k = A_1 \mathrm{e}^{-B_1 \varepsilon} \tag{5-2}$$

(2)卸载点后的卸载阶段

$$k = A_2 \mathrm{e}^{B_2 \varepsilon} \tag{5-3}$$

式中　A_1,B_1,A_2,B_2——拟合系数,其反映了渗透率对轴向应变的敏感程度。

在实验范围内,$0.295\,8 \leqslant A_1 \leqslant 1.682\,8$,$0.141\,7 \leqslant B_1 \leqslant 0.713\,3$,$0.000\,002 \leqslant A_2 \leqslant 0.273\,6$,$0.190\,8 \leqslant B_2 \leqslant 5.598\,6$。

5.5　本 章 小 结

保护层开采后,被保护层煤体出现损伤,内部孔隙、裂隙系统发生改变,进而导致其渗透性或者透气性系数发生改变。本章研究是在上一章研究了卸载过程中煤体损伤演化规律的基础上进行的,主要研究了煤体卸载过程中渗透率的演化规律,主要研究结论如下:

(1) 随着初始围压的增大,固定轴向位移卸围压与固定差应力卸围压两种卸载力学路径下,差应力减小速率增大处的围压升高。在固定轴向位移卸围压的卸载力学路径下,初始阶段,随着围压的卸载,差应力减小速率不大。当初始围压为 10 MPa、8 MPa、6 MPa 时,分别对应围压卸载至 7 MPa、6 MPa、4.8 MPa 后,差应力减小速率明显增大。在固定差应力卸围压的卸载力学路径下,初始阶段,差应力能维持不变。当初始围压为 10 MPa、8 MPa、6 MPa 时,分别对应围压卸载至 7 MPa、5.5 MPa、3.6 MPa 后,差应力减小速率明显增大。

(2) 固定轴向位移卸围压和固定差应力卸围压两种卸载力学路径下煤试样卸载过程中的渗透率的变化规律具有相似性。尽管各试样初始围压不同,卸载点的应力状态也不一样,同一卸载力学路径下试样的变形规律和渗透性演化规律存在一致性。

(3) 根据不同卸载力学路径下渗透性实验获得的试样渗透率,在卸载点前,即试样从静水压力状态被加载至屈服点后稍许的过程中,渗透率一直在减小,且越靠近屈服点,渗透率的相对减小率越小;与卸载点处的渗透率相比,试样卸载过程中渗透率逐渐增加,渗透率增加率也不断增大。同时,渗透率在增大的过程中存在一个阈值,超过该阈值后,随着对试样卸载的不断进行,渗透率增大率开始明显增加;且对照卸载过程中围压与差应力关系曲线可知,阈值点也即卸载过程中差应力减小率明显增加的应力状态。

(4) 通过对渗透率测试结果的拟合可知,在卸载力学路径下,在卸载点前的加载阶段,试样渗透率与轴向应变呈负指数函数关系,可表示为 $k = A_1 \mathrm{e}^{-B_1 \varepsilon}$($A_1$、$B_1$ 为拟合系数),在实验范围内,$0.295\,8 \leqslant A_1 \leqslant 1.682\,8$,$0.141\,7 \leqslant B_1 \leqslant 0.713\,3$;在卸载阶段,试样渗透率与轴向应变呈正指数函数关系,可表示为 $k = A_2 \mathrm{e}^{B_2 \varepsilon}$($A_2$、$B_2$ 为拟合系数),在实验范围内,$0.000\,002 \leqslant A_2 \leqslant 0.273\,6$,$0.190\,8 \leqslant B_2 \leqslant 5.598\,6$。

第6章 卸载过程中煤体损伤对渗透性的影响

6.1 煤体损伤对渗透性影响的理论分析

6.1.1 损伤变量动态演化分析

1958 年，L. M. Kachanov[177]在研究蠕变现象时应用了损伤变量，并给出了本构方程，从此推动了损伤力学的发展。

损伤变量是用以表述岩石等材料损伤发展状态的参量。在定义损伤变量时，不但要考虑用什么量作为损伤变量的基准量（面积、密度、孔隙率等），而且要考虑损伤变量的表达形式。

煤岩体为多孔介质，其由基质和孔裂隙系统组成。依据损伤力学的观点，孔隙率的变化可以反映煤岩体的损伤演化过程。根据损伤变量的定义及孔隙率的概念，用孔隙率定义的损伤变量[178]可以表示为：

$$D = \frac{\varphi_0 - \varphi}{\varphi_0 - \varphi_s} \tag{6-1}$$

式中　φ_0——初始孔隙率；

　　　φ_s——材料发生破坏时的孔隙率。

当材料发生破坏时，即当 $\varphi = \varphi_s$ 时，损伤变量 $D = 1$；当材料在初始状态时，即 $\varphi = \varphi_0$ 时，损伤变量 $D = 0$。因此，根据损伤变量表达式(6-1)，如果清楚了孔隙率 φ 的变化情况，就可以计算出损伤变量。

考虑煤体为多孔介质，且煤体骨架也会发生变形，瓦斯在煤体内流动时，质点的流动速度为：

$$v_g = v_s + v_r \tag{6-2}$$

式中　v_g——瓦斯气体流动时的绝对速度，m/s；

　　　v_s——骨架运动的绝对速度，m/s；

　　　v_r——瓦斯气体的相对速度，m/s。

由煤体骨架质量守恒方程可知：

$$\nabla \cdot [\rho_s(1-\varphi)v_s] + \frac{\delta[\rho_s(1-\varphi)]}{\delta t} = 0 \tag{6-3}$$

式中　ρ_s——骨架密度。

瓦斯气体的连续性方程为：

$$\nabla \cdot [\rho_g \varphi v_g] + \frac{\delta(\rho_g \varphi)}{\delta t} = 0 \tag{6-4}$$

式中　ρ_g ——气体密度。

联立式(6-3)及式(6-4),则有:

$$\rho_s(1-\varphi)\,\nabla\cdot v_s + (1-\varphi)\,\frac{\delta\rho_s}{\delta t} - \rho_s\,\frac{\delta\varphi}{\delta t} = 0 \tag{6-5}$$

瓦斯气体压力变化引起的骨架体积变化为:

$$\Delta V_s/V_{s0} = -\Delta p/K_s \tag{6-6}$$

式中,$\Delta p = p - p_0$。

对式(6-5)进行化简,则有:

$$(1-\varphi)\left(\frac{\delta\varepsilon_V}{\delta t} + \frac{1}{K_s}\frac{\delta p}{\delta t}\right) = \frac{\delta\varphi}{\delta t} \tag{6-7}$$

式中　ε_V ——体积应变;

　　　K_s ——体积模量,GPa。

对式(6-7)进行积分并处理,则有:

$$\varphi = 1 - (1-\varphi_0)\mathrm{e}^{(-\Delta p/K_s - \varepsilon_V)} \tag{6-8}$$

将式(6-8)按指数展开,则有:

$$\varphi = 1 - \frac{(1-\varphi_0)(1-\nabla p/K_s)}{1+\varepsilon_V} \tag{6-9}$$

温度变化引起的煤岩体骨架体积改变为:

$$\Delta V_s/V_{s0} = \beta_s\Delta T \tag{6-10}$$

考虑温度变化的影响,式(6-9)可变为[168]:

$$\varphi = 1 - \frac{(1-\varphi_0)(1-\nabla p/K_s + \beta_s\Delta T)}{1+\varepsilon_V} \tag{6-11}$$

式(6-11)即考虑温度、瓦斯压力对变形影响的孔隙率动态演化模型。

根据式(6-1)可知,损伤变量为:

$$D = \frac{\varphi_0 - \varphi}{\varphi_0 - \varphi_s} = \frac{(1-\varphi_0)(\beta_s\Delta T - \Delta p/K_s - \varepsilon_V)}{(1+\varepsilon_V)(\varphi_0 - \varphi_s)} \tag{6-12}$$

式(6-12)是基于孔隙率得到的载荷作用下煤岩体损伤变量 D 的表达式,其是温度及气体压力变化量、体积应变的函数。

6.1.2　渗透率动态演化分析

理想煤岩体的裂隙几何系统如图 6-1 所示。

根据渗透率与裂缝宽度呈立方关系的立方定律[180],可知:

$$k_i = \frac{b_i^3}{12a_i} \tag{6-13}$$

$$\frac{k_i}{k_{i0}} = \left(\frac{b_i}{b_{i0}}\right)^3 \tag{6-14}$$

式中　k_{i0} ——初始渗透率,mD;

　　　b_{i0} ——初始裂隙宽度,m。

根据图 6-1,孔隙率的表达式为:

$$\varphi = \frac{b_1}{a_1} + \frac{b_2}{a_2} + \frac{b_3}{a_3} \tag{6-15}$$

在各向同性条件下,式(6-15)可写作:

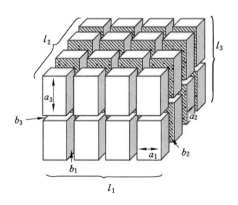

图 6-1　理想煤岩体的裂隙几何系统[179]

$$\varphi = \frac{3b}{a} \tag{6-16}$$

把式(6-16)代入式(6-13),则有:

$$k = \frac{1}{96}a^2\varphi^3 \tag{6-17}$$

设定初始状态的渗透率为 k_0,根据式(6-17),则有:

$$\frac{k}{k_0} = \left(\frac{a}{a_0}\right)^2 \left(\frac{\varphi}{\varphi_0}\right)^3 \tag{6-18}$$

通常情况下,$a \approx a_0$,因此,根据式(6-18),则有:

$$\frac{k}{k_0} = \left(\frac{\varphi}{\varphi_0}\right)^3 \tag{6-19}$$

在描述孔隙率与渗透率的关系时,式(6-19)已得到了广泛应用[161,165]。

联立式(6-19)及式(6-11),可得出渗透率动态演化模型:

$$\frac{k}{k_0} = \left[\frac{1}{\varphi_0} - \frac{(1-\varphi_0)(1-\nabla p/K_s + \beta_s \Delta T)}{\varphi_0(1+\varepsilon_V)}\right]^3 \tag{6-20}$$

式(6-20)是基于裂隙几何系统得到的载荷作用下煤岩体渗透率 k 的表达式,和损伤变量的表达式(6-12)一样,其也是温度及气体压力变化量、体积应变的函数。

6.1.3　损伤与渗透性关系

根据前面对煤岩体损伤变量动态演化分析、渗透率动态演化分析的研究,式(6-12)、式(6-20)可表示载荷作用下煤岩体损伤变量与渗透率相互关系,即

$$\left.\begin{aligned} D &= \frac{(1-\varphi_0)(\beta_s \Delta T - \Delta p/K_s - \varepsilon_V)}{(1+\varepsilon_V)(\varphi_0 - \varphi_s)} \\ \frac{k}{k_0} &= \left[\frac{1}{\varphi_0} - \frac{(1-\varphi_0)(1-\nabla p/K_s + \beta_s \Delta T)}{\varphi_0(1+\varepsilon_V)}\right]^3 \end{aligned}\right\} \tag{6-21}$$

根据式(6-21),损伤变量与渗透率只与环境温度及气体压力变化量、试样体积应变有关。

当环境温度不发生变化,气体压力变化对试样骨架变形的影响可以忽略时,式(6-21)可简化为:

$$D = \frac{\varepsilon_V(\varphi_0 - 1)}{(1 + \varepsilon_V)(\varphi_0 - \varphi_s)} \left.\begin{array}{c} \\ \\ \end{array}\right\}$$

$$\frac{k}{k_0} = \left[\frac{\varepsilon_V + \varphi_0}{\varphi_0(1 + \varepsilon_V)}\right]^3 \quad (6-22)$$

因此,根据式(6-22)所示的载荷作用下损伤变量-渗透率耦合作用关系,只需要知道体积应变就可以得出一定应力状态下损伤变量、渗透率的变化情况,进而可分析载荷作用下试样损伤对渗透性的影响。

6.2　煤体损伤对渗透性的影响

前一节从理论角度分析了损伤对渗透性的影响,本节重点根据 CT 实时检测实验和渗透性实验的实验结果分析卸载过程中煤体损伤对渗透性的影响。

为了分析卸载过程中煤体损伤对渗透性的影响,选择了固定轴向位移卸围压和固定差应力卸围压两种卸载力学路径下初始围压为 8 MPa 的 CT 实时检测实验和有效初始围压(围压 10 MPa,气压 2 MPa)为 8 MPa 的渗透性实验的结果进行对比分析。

尽管由 CT 实时检测实验和渗透性实验得到的应力-应变曲线存在差异(仪器误差、制样误差、试样吸附瓦斯等所致),但在相同有效初始围压、相同卸载力学路径下,由 CT 实时检测实验和渗透性实验得到的试样变形规律基本一致,该一致性验证了把相同卸载力学路径、相同有效初始围压下 CT 实时检测实验得到的试样损伤演化规律与渗透性实验得到的渗透性变化规律归纳起来分析卸载过程中煤体损伤对渗透性的影响的合理性。

6.2.1　损伤变量

为分析卸载过程中煤体损伤与渗透性演化的耦合作用,需要计算损伤变量。CT 值是物质密度的反映,用物质密度表示的损伤变量[77]可以用式(6-23)表示,在式(6-23)的基础上,根据 CT 值、物质密度及损伤变量的关系,可以建立用 CT 值表示的损伤变量。

$$D = \frac{1}{m_0^2}\frac{\Delta\rho}{\rho_{初}} \quad (6-23)$$

式中　D ——损伤变量;

　　　m_0 ——CT 机的空间分辨率;

　　　$\Delta\rho$ ——密度变化量,g/cm³;

　　　$\rho_{初}$ ——试样的初始密度,g/cm³。

物质的 CT 值与质量吸收系数成正比:

$$H = \eta\mu \quad (6-24)$$

式中　H ——CT 值,HU;

　　　μ ——质量吸收系数;

　　　η ——比例系数。

实验过程中试样内只有空气,因此,物质的质量吸收系数可表示为:

$$\mu = \mu_m\rho = (1 - \varphi)\rho_r\mu_r^m + \varphi\rho_a\mu_a^m \quad (6-25)$$

式中　ρ_r ——煤基质密度,g/cm³;

　　　ρ_a ——空气密度,g/cm³;

μ_r^m ——基质的质量吸收系数；

μ_a^m ——空气的质量吸收系数；

φ ——孔隙率。

$$\varphi = \frac{\mu - \rho_r \mu_r^m}{\rho_a \mu_a^m - \rho_r \mu_r^m} \tag{6-26}$$

联立式(6-25)和式(6-26)，则有：

$$\varphi = \frac{H_r - H}{H_r - H_a} \tag{6-27}$$

式中 H_r ——煤基质 CT 值，HU；

  H_a ——空气 CT 值，HU；

  H ——煤体密度变化后的 CT 值，HU；

  φ ——孔隙率。

密度可表示为：

$$\rho = (1 - \varphi)\rho_r + \varphi\rho_a \tag{6-28}$$

忽略试样内的空气，则有：

$$\rho = (1 - \varphi)\rho_r \tag{6-29}$$

由式(6-27)和式(6-29)，则有：

$$\rho = \frac{H - H_a}{H_r - H_a}\rho_r \tag{6-30}$$

根据 CT 值的定义，$H_a = -1\ 000$ HU，则有：

$$\rho = \frac{H + 1\ 000}{H_r + 1\ 000}\rho_r \tag{6-31}$$

把式(6-31)代入式(6-23)，则有：

$$D = \frac{1}{m_0^2}\left(\frac{H + 1\ 000}{H_r + 1\ 000}\rho_r - \rho_{初}\right) \tag{6-32}$$

式(6-32)即根据 CT 值、物质密度及损伤变量的关系，推导出来的用 CT 值表示的损伤变量的表达式。实验时只要知道初始 CT 值、初始物质密度与实验过程中 CT 值的变化情况，就可以获得损伤变量 D 的变化情况。

6.2.2 损伤对渗透性的影响

在忽略空气密度的情况下，固定轴向位移卸围压 CT 实时检测实验所用试样的初始基质密度为 1.136 g/cm³，固定差应力卸围压 CT 实时检测实验所用试样的初始基质密度为 1.168 3 g/cm³，$m_0 = 0.208$，根据卸载点各扫描层 CT 值的平均数，结合式(6-31)，可计算出卸载点处固定轴向位移卸围压和固定差应力卸围压两种卸载力学路径下试样的基质密度。令卸载点处试样的损伤变量 D 为 0，根据不同应力状态下各扫描层的 CT 值，结合式(6-31)、式(6-32)，即可得到固定轴向位移卸围压和固定差应力卸围压两种卸载力学路径下试样损伤变量的变化情况。

根据有效初始围压均为 8 MPa，固定轴向位移卸围压、固定差应力卸围压两种卸载力学路径下分别由 CT 实时检测实验和渗透性实验得到的卸载过程中试样损伤变量与渗透率的变化情况，得出了卸载过程中损伤变量、渗透率与差应力、有效围压的关系，如图 6-2 至图 6-5 所示。

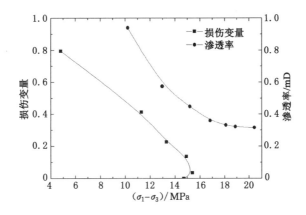

图 6-2　固定轴向位移卸围压过程中损伤变量、渗透率与差应力的关系

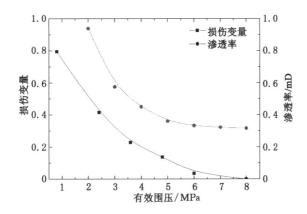

图 6-3　固定轴向位移卸围压过程中损伤变量、渗透率与有效围压的关系

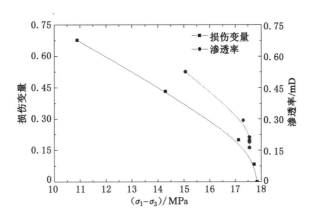

图 6-4　固定差应力卸围压过程中损伤变量、渗透率与差应力的关系

实验误差、制样误差等造成了 CT 实时检测实验和渗透性实验试样卸载点处差应力的不同,但由图 6-2 至图 6-5 可知,同一卸载力学路径下 CT 实时检测实验和渗透性实验获得的损伤变量和渗透率的变化趋势具有一致性。

有效围压从 8 MPa 卸载至 6 MPa,固定轴向位移卸围压与固定差应力卸围压所产生的

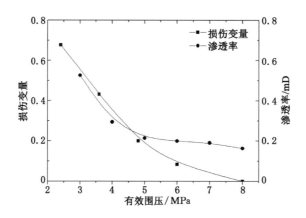

图 6-5　固定差应力卸围压过程中损伤变量、渗透率与有效围压的关系

试样损伤变量的增量分别为 0.035 1、0.084,渗透率的相对增量分别为 1.7%、16.7%,损伤变量和渗透率的增量均很小。伴随差应力不断减小,在固定轴向位移卸围压卸载力学路径下进行 CT 实时检测实验时,当有效围压卸载至 4.8 MPa、3.6 MPa、2.4 MPa、0.8 MPa 时,试样损伤变量分别为 0.136 8、0.227 3、0.414、0.794 7;进行渗透性实验时,当有效围压卸载至 5 MPa、4 MPa、3 MPa、2 MPa 时,试样的渗透率分别为 0.360 3、0.449 5、0.574 4、0.939 3。伴随差应力不断减小,在固定差应力卸围压卸载力学路径下进行 CT 实时检测实验时,当有效围压卸载至 4.8 MPa、3.6 MPa、2.4 MPa 时,试样损伤变量分别为 0.200 1、0.432 3、0.677 1;进行渗透性实验时,当有效围压卸载至 5 MPa、4 MPa、3 MPa 时,试样的渗透率分别为 0.213 5、0.294 6、0.525 82。

综上所述,根据不同卸载力学路径下损伤变量与渗透率的变化趋势可知,伴随差应力不断减小,当有效围压卸载至约 5 MPa 后,损伤变量和渗透率的增加速率变快。

6.3　本章小结

本书第 4 章主要研究卸载过程中煤体损伤演化规律,第 5 章主要研究卸载过程中煤体渗透率的演化规律,本章是对第 4 章、第 5 章研究内容的总结,主要研究结论如下:

（1）为分析损伤对渗透性的影响,根据渗透率动态演化模型、损伤变量的定义,获得了损伤与渗透性的理论关系。

（2）尽管由 CT 实时检测实验和渗透性实验得到的应力-应变曲线存在差异,但在相同有效初始围压、相同卸载力学路径下,由 CT 实时检测实验和渗透性实验得到的试样变形规律基本一致,该一致性验证了把相同卸载力学路径、相同有效初始围压下 CT 实时检测实验得到的试样损伤演化规律与渗透性实验得到的渗透性变化规律归纳起来分析卸载过程中煤体损伤对渗透性的影响的合理性。

（3）根据 CT 值、物质密度及损伤变量的关系,经过推导获得了用 CT 值表示的损伤变量的表达式,进而得到了卸载过程中偏应力、围压与损伤变量 D 的关系。在固定轴向位移卸围压卸载力学路径下,当围压从 8 MPa 卸载至 6 MPa、4.8 MPa、3.6 MPa、2.4 MPa、0.8 MPa 时,损伤变量为 0.035 1、0.136 8、0.227 3、0.414、0.794 7;在固定差应力卸围压卸载力学路径下,当围压从 8 MPa 卸载至 6 MPa、4.8 MPa、3.6 MPa、2.4 MPa 时,损伤变量为 0.084、0.200 1、0.432 3、0.677 1。

(4) 通过耦合卸载过程中 CT 实时检测实验和渗透性实验的结果可以看出,损伤变大与渗透性的增加具有同步性。卸载初期,损伤与渗透性的增加比较缓慢;随着卸载的进行,当卸载至有效围压为 5 MPa 后,损伤变量和渗透率的增加速率变快,这说明损伤与渗透性的增加存在一应力阈值,卸载至该阈值后,试样的损伤变量与渗透率的增加速率加快。根据该结果可知,在进行保护层开采设计时,应选择合理的开采高度等影响被保护层卸压程度的参数。

第7章 被保护层损伤煤体渗透率分布
特征及其应用

被保护层卸压瓦斯抽采的方法主要有地面钻井抽采、井下穿层钻孔抽采两种。地面钻井抽采卸压瓦斯的方法在淮北、淮南矿区等矿区的部分保护层开采工作面得到了应用,并取得了一定的成果,但是其整体应用效果不是很好。究其原因,主要是采用地面钻井抽采被保护层的卸压瓦斯时,经常出现塌井、堵井等情况。井下穿层钻孔抽采方法尽管工程量大(需要在被保护层底板施工底板瓦斯抽采巷,钻孔数目较多),但是该方法较稳定,且对保护层保护效果的考察也比较方便,因此被广泛使用。

然而,井下穿层钻孔抽采被保护层卸压瓦斯的方法钻孔工程量大,要占用大量的人力、物力资源。为实现矿井的安全高效生产,需要对钻孔布孔方式进行优化。

对钻孔布孔方式进行优化应根据被保护层渗透率的分布特征。前面几章的研究表明,保护层开采过程中,被保护层卸载煤体出现损伤,进而渗透率发生变化,损伤与渗透性均具有应力敏感性,因此,被保护层不同区域受力过程的不同,导致其损伤程度、渗透率分布不同。

由于渗透性实验获得的试样的轴向应变与被保护层膨胀变形的物理意义一致,因此,可以根据实验获得的渗透率与轴向应变的关系,同时结合被保护层的膨胀变形情况,分析保护层开采过程中被保护层渗透率的分布特性,从而根据被保护层渗透率的分布特征对瓦斯抽采钻孔的布孔方式进行优化。

7.1 试验工作面基本情况

淮南矿区潘一矿为煤与瓦斯突出矿井,曾多次发生煤与瓦斯突出事故,事故的发生严重制约了矿井的安全高效生产。

矿井主采煤层 C_{13} 煤层平均厚度 6 m,煤质松软,透气性低,瓦斯含量高,为突出危险煤层。B_{11} 煤层位于 C_{13} 煤层下部,两层煤间距平均为 67 m。B_{11} 煤层突出危险较小,因此,为了实现矿井的安全生产,采用 B_{11} 煤层做下保护层保护 C_{13} 煤层的开采[3,7]。

试验的保护层工作面长度为 1 680 m、宽度为 190 m,被保护层工作面长度为 1 640 m、宽度为 160 m。保护层工作面与被保护层工作面的平面布置如图 7-1 所示,基本参数如表 7-1 所示。

被保护层工作面瓦斯抽采的方法主要有地面钻井抽采及井下穿层钻孔抽采两种。由于井下穿层钻孔抽采可靠性高,因此,如图 7-1 所示,在保护层开采过程中,在被保护层底板(距煤层底面 25 m 左右)施工底板岩巷,采用在底板岩巷内施工穿层钻孔的方法抽采被保护层的卸压瓦斯。

　　井下穿层钻孔抽采的钻孔工程量大,为了节约资源,实现矿井的安全高效生产,需要对被保护层渗透率分布规律进行研究,以此为基础,结合瓦斯治理经验对卸压瓦斯抽采钻孔的布孔方式进行优化。

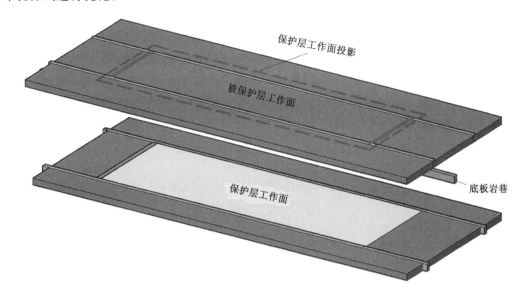

图 7-1　保护层工作面与被保护层工作面布置情况

表 7-1　基本参数

参数	保护层工作面	被保护层工作面
厚度/m	2.0	6.0
倾角/(°)	9.0	9.0
原始瓦斯压力/MPa	—	4.4
原始瓦斯含量/(m³/t)	5.5	13.0

7.2　被保护层渗透率分布特征

　　在实验室进行渗透性实验时往往采用的是小试样(标准试样),且实验条件与现场的实际条件也会存在差异,因此,由实验室得到的渗透性模型与现场的实际情况有时可能会存在差异[181-182]。但是,通过实验室模拟现场工程应力变化而得到的渗透性变化特征能近似反映现场实际的地层渗透性的变化规律,井下开挖的许多工程实际也证实了这一点。

　　本节的研究目的不是获得现场实际中被保护层渗透率的真实大小,而是根据实验室不同卸载力学路径下渗透性实验得到的渗透率与应变的关系,结合被保护层膨胀变形情况对潘一矿保护层开采过程中被保护层渗透率的分布特征进行分析。

7.2.1　采动煤岩体渗透率变化理论分析

　　受采动影响,煤岩体应力发生变化,在应力扰动作用下,煤岩体孔裂隙系统的渗透率也发生改变。本节主要基于多孔介质理论,通过建立多孔介质应力场平衡方程、孔隙率动态演化方程、渗透率演化方程,分析采动煤岩体渗透率的变化情况。

1923 年,Terzaghi 在研究土力学问题时,提出了非常著名的有效应力原理,起初该原理主要被应用于研究地基沉降等。随后,很多学者对其进行了修正,目前,被修正的有效应力原理已在岩土力学、岩石力学等领域得到了广泛应用。

煤岩是多孔介质,基于多孔介质的特性,修正的有效应力原理[183]的表达式为:

$$\sigma_{ij} = (1-\varphi)\sigma_{ij}^s + \varphi p \delta_{ij} \tag{7-1}$$

式中　σ_{ij}——总应力,MPa;

$\quad\quad\sigma_{ij}^s$——骨架应力,MPa;

$\quad\quad p$——孔隙压力,MPa;

$\quad\quad\varphi$——孔隙率;

$\quad\quad\delta_{ij}$——克罗内克函数。

定义骨架的有效应力 $\sigma_{ij}{}' = (1-\varphi)\sigma_{ij}^s$,根据式(7-1),则有:

$$\sigma_{ij}{}' = \sigma_{ij} - \varphi p \delta_{ij} \tag{7-2}$$

式(7-2)不但揭示了孔隙压力变化对有效应力的影响,而且反映了骨架变形对有效应力的影响,与其他学者修正的有效应力原理相比,更具有代表性。

对于多孔介质,用有效应力表示的本构方程可表示为:

$$\sigma_{ij}{}' = D_{ijkl}\varepsilon_{kl} \tag{7-3}$$

设定 X、Y、Z 三个方向的位移分别为 W_x、W_y、W_z,在假定骨架各向同性的前提下,则有:

$$\sigma_{ij}{}' = \lambda\varepsilon_V\delta_{ij} + 2\mu\varepsilon_{ij} \tag{7-4}$$

$$\varepsilon_V = \frac{\delta W_i}{\delta x_j} = \frac{\delta W_x}{\delta x} + \frac{\delta W_y}{\delta y} + \frac{\delta W_z}{\delta z}$$

$$= \varepsilon_{11} + \varepsilon_{22} + \varepsilon_{33} \tag{7-5}$$

煤岩体几何方程反映的是应变与位移的关系,张量形式为:

$$\boldsymbol{\varepsilon}_{ij} = \frac{1}{2}(\boldsymbol{u}_{i,j} + \boldsymbol{u}_{j,i}) \tag{7-6}$$

式中　$\boldsymbol{\varepsilon}_{ij}$——应变张量;

$\quad\quad\boldsymbol{u}_{i,j}$,$\boldsymbol{u}_{j,i}$——位移张量。

一般形式为:

$$S_{ij} = \frac{1}{2}\left(\frac{\partial u_i}{\partial x_j} + \frac{\partial u_j}{\partial x_i}\right) \quad (i=1,2,3; j=1,2,3) \tag{7-7}$$

假定任一微元体受力状态如图 7-2 所示。

对于图 7-2 所示的任一微元体,其 X、Y、Z 三个方向的应力平衡方程可表示为:

$$\left.\begin{array}{l} \dfrac{\partial\sigma_x}{\partial x} + \dfrac{\partial\tau_{xy}}{\partial y} + \dfrac{\partial\tau_{xz}}{\partial z} + f_{\text{str}x} = 0 \\[2mm] \dfrac{\partial\sigma_y}{\partial y} + \dfrac{\partial\tau_{xy}}{\partial x} + \dfrac{\partial\tau_{yz}}{\partial z} + f_{\text{str}y} = 0 \\[2mm] \dfrac{\partial\sigma_z}{\partial z} + \dfrac{\partial\tau_{xz}}{\partial x} + \dfrac{\partial\tau_{yz}}{\partial y} + f_{\text{str}z} = 0 \end{array}\right\} \tag{7-8}$$

式(7-8)的张量表示形式为:

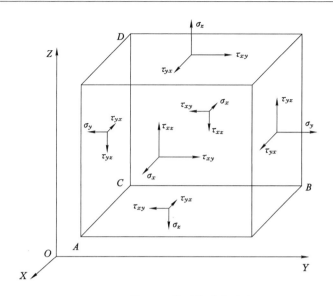

图 7-2　微元体受力示意

$$\boldsymbol{\sigma}_{ij,j} + \boldsymbol{f}_i = \mathbf{0} \tag{7-9}$$

根据式(7-2)和式(7-9),则有:

$$\sigma_{ij,j}{}' + (\varphi p \delta_{ij})_{,j} + f_i = 0 \tag{7-10}$$

将式(7-4)代入式(7-10),则有:

$$\left.\begin{array}{l} (\lambda + \mu)\dfrac{\delta\varepsilon_V}{\delta x} + \mu\,\nabla^2 W_x + \varphi\dfrac{\delta p}{\delta x} = 0 \\[2mm] (\lambda + \mu)\dfrac{\delta\varepsilon_V}{\delta y} + \mu\,\nabla^2 W_y + \varphi\dfrac{\delta p}{\delta y} = 0 \\[2mm] (\lambda + \mu)\dfrac{\delta\varepsilon_V}{\delta z} + \mu\,\nabla^2 W_z + \varphi\dfrac{\delta p}{\delta z} + f_z = 0 \end{array}\right\} \tag{7-11}$$

当所研究物质为各向同性弹性体时,则有:

$$\lambda = \dfrac{E\nu}{(1+\nu)(1-2\nu)} \tag{7-12}$$

$$G = \mu = \dfrac{E}{2(1+\nu)} \tag{7-13}$$

因此有:

$$\lambda + \mu = \dfrac{G}{(1-2\nu)} \tag{7-14}$$

把式(7-14)代入式(7-11),则有[169]:

$$\left.\begin{array}{l} \dfrac{G}{(1-2\nu)}\dfrac{\delta\varepsilon_V}{\delta x} + \mu\,\nabla^2 W_x + \varphi\dfrac{\delta p}{\delta x} = 0 \\[2mm] \dfrac{G}{(1-2\nu)}\dfrac{\delta\varepsilon_V}{\delta y} + \mu\,\nabla^2 W_y + \varphi\dfrac{\delta p}{\delta y} = 0 \\[2mm] \dfrac{G}{(1-2\nu)}\dfrac{\delta\varepsilon_V}{\delta z} + \mu\,\nabla^2 W_z + \varphi\dfrac{\delta p}{\delta z} + f_z = 0 \end{array}\right\} \tag{7-15}$$

式(7-15)就是基于材料多孔介质特性建立的应力场平衡方程。

采动煤岩体孔隙率、渗透率动态演化模型如式(6-11)、式(6-20)所示。根据对采动煤岩体应力场控制方程、孔隙率动态演化模型、渗透率动态演化模型的研究,式(7-15)、式(6-11)、式(6-20)可表示采动煤岩体应力-渗透性耦合作用模型,即

$$
\left.
\begin{aligned}
&\frac{G}{(1-2\nu)}\frac{\delta\varepsilon_V}{\delta x} + \mu\,\nabla^2 W_x + \varphi\frac{\delta p}{\delta x} = 0 \\
&\frac{G}{(1-2\nu)}\frac{\delta\varepsilon_V}{\delta y} + \mu\,\nabla^2 W_y + \varphi\frac{\delta p}{\delta y} = 0 \\
&\frac{G}{(1-2\nu)}\frac{\delta\varepsilon_V}{\delta z} + \mu\,\nabla^2 W_z + \varphi\frac{\delta p}{\delta z} + f_z = 0 \\
&\varphi = 1 - \frac{(1-\varphi_0)(1-\nabla p/K_s + \beta_s\Delta T)}{1+\varepsilon_V} \\
&\frac{k}{k_0} = \left[\frac{1}{\varphi_0} - \frac{(1-\varphi_0)(1-\nabla p/K_s + \beta_s\Delta T)}{\varphi_0(1+\varepsilon_V)}\right]^3
\end{aligned}
\right\}
\tag{7-16}
$$

假定实验过程处于等温环境,且瓦斯压力变化引起的骨架变形可以忽略,式(7-16)可以简化为:

$$
\left.
\begin{aligned}
&\frac{G}{(1-2\nu)}\frac{\delta\varepsilon_V}{\delta x} + \mu\,\nabla^2 W_x + \varphi\frac{\delta p}{\delta x} = 0 \\
&\frac{G}{(1-2\nu)}\frac{\delta\varepsilon_V}{\delta y} + \mu\,\nabla^2 W_y + \varphi\frac{\delta p}{\delta y} = 0 \\
&\frac{G}{(1-2\nu)}\frac{\delta\varepsilon_V}{\delta z} + \mu\,\nabla^2 W_z + \varphi\frac{\delta p}{\delta z} + f_z = 0 \\
&\varphi = \frac{\varepsilon_V + \varphi_0}{1+\varepsilon_V} \\
&\frac{k}{k_0} = \left[\frac{\varepsilon_V + \varphi_0}{\varphi_0(1+\varepsilon_V)}\right]^3
\end{aligned}
\right\}
\tag{7-17}
$$

式(7-17)为采动煤岩体应力变化过程中应力与渗透率的相互作用关系,根据采动煤岩体的体积应变,即可获得其渗透率。

7.2.2 被保护层渗透率分布特征

7.2.2.1 被保护层膨胀变形

被保护层的膨胀变形情况经常被用于判定保护层开采过程中被保护层的卸压程度,定义膨胀变形为:

$$
\zeta = \frac{d_{底板} - d_{顶板}}{m} \times 1\,000
\tag{7-18}
$$

式中　ζ——煤层膨胀变形,‰;

　　　$d_{顶板}$——煤层顶板位移,m;

　　　$d_{底板}$——煤层底板位移,m;

　　　m——煤层厚度,m。

根据被保护层顶底板的位移量,同时结合式(7-18),即可以得到潘一矿下保护层 B_{11} 煤层开采过程中,被保护层 C_{13} 煤层的膨胀变形变化情况。使用 Matlab 软件的 surf 函数并调用 meshgrid 命令对数据进行了处理,结果如图 7-3 至图 7-5 所示。

根据图 7-3 至图 7-5,膨胀变形有正值和负值,当被保护层煤体被加载压缩时,膨胀变形

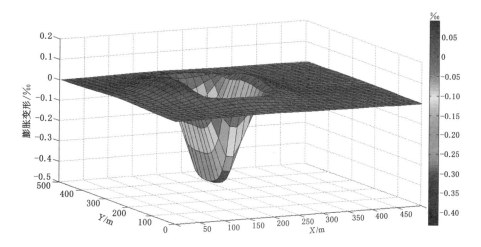

图 7-3　保护层开挖 80 m 时被保护层膨胀变形情况

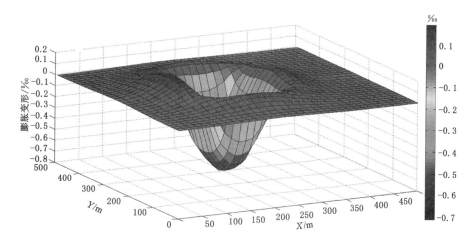

图 7-4　保护层开挖 140 m 时被保护层膨胀变形情况

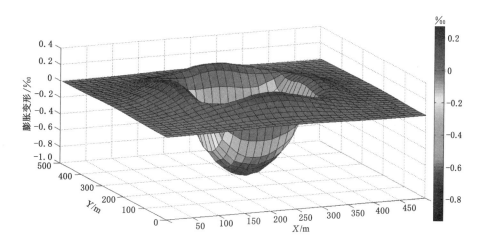

图 7-5　保护层开挖 200 m 时被保护层膨胀变形情况

为正值;当被保护层煤体被卸载拉伸时,膨胀变形为负值。保护层开挖 80 m 时,最大压缩膨胀变形为 0.08‰,最大拉伸膨胀变形为 0.43‰;保护层开挖 140 m 时,最大压缩膨胀变形为 0.18‰,最大拉伸膨胀变形为 0.70‰;保护层开挖 200 m 时,最大压缩膨胀变形为 0.21‰,最大拉伸膨胀变形为 0.91‰。

7.2.2.2 被保护层渗透率

膨胀变形反映的是煤体在三维空间中垂直方向的变形情况,其物理意义跟实验室采用小试样进行力学实验时得到的轴向应变一致,都反映了煤体的垂向变形特征。因此,可以把被保护层膨胀变形值代入第 5 章渗透性实验方程 $k = A_1 e^{-B_1 \varepsilon}$ 和 $k = A_2 e^{B_2 \varepsilon}$。当膨胀变形为正值时,表示煤体要经历加载的受力过程,假定此时煤体只发生小的塑性变形,因此,分析被保护层渗透率时,把此时的膨胀变形值代入方程 $k = A_1 e^{-B_1 \varepsilon}$;当膨胀变形为负值时,表示煤体要经历卸载的受力过程,因此,分析被保护层渗透率时,把此时的膨胀变形值代入方程 $k = A_2 e^{B_2 \varepsilon}$。综上所述,根据数值模拟得到的膨胀变形和实验室渗透性实验得到的渗透率模型可以对被保护层煤体的渗透率分布特征进行分析,但获得的只是渗透率的分布特征,不是渗透率的真实值。

方程 $k = A_1 e^{-B_1 \varepsilon}$ 和方程 $k = A_2 e^{B_2 \varepsilon}$ 的拟合系数 A_1、B_1、A_2、B_2 反映了应力对变形的敏感程度。由于本研究的主要目的是获得被保护层煤体的渗透率分布特征而非真实值,因此,拟合系数 A_1、B_1、A_2、B_2 大小的选择不影响得出的渗透率的分布特征,且考虑实验室在围压为 6～10 MPa 时获得的 A_1、B_1、A_2、B_2 的取值范围为 $0.295\,8 \leqslant A_1 \leqslant 1.682\,8$,$0.141\,7 \leqslant B_1 \leqslant 0.713\,3$,$0.000\,002 \leqslant A_2 \leqslant 0.273\,6$,$0.190\,8 \leqslant B_2 \leqslant 5.598\,6$,结合试验地点的水平应力值,选取 A_1、A_2 为 1,B_1、B_2 为 0.4。根据图 7-3 至图 7-5 所示保护层不同开挖距离时被保护层的膨胀变形,使用 Matlab 软件的逻辑函数对膨胀变形值进行判定后代入方程 $k = A_1 e^{-B_1 \varepsilon}$ 和 $k = A_2 e^{B_2 \varepsilon}$,获得了被保护层不同区域的渗透率,随后利用 surf 函数并调用 meshgrid 命令对数据进行了处理,结果如图 7-6 至图 7-8 所示。

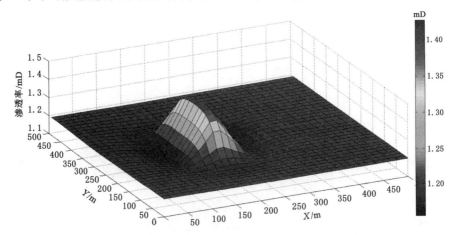

图 7-6　保护层开挖 80 m 时被保护层渗透率的分布规律

虽然图 7-6 至图 7-8 所示的被保护层渗透率的分布规律没有绝对的意义,但是能反映出保护层开采后被保护层不同应力区的渗透率分布情况。

根据图 7-6 至图 7-8,对照保护层工作面开采后被保护层煤体三向应力的分布情况,被

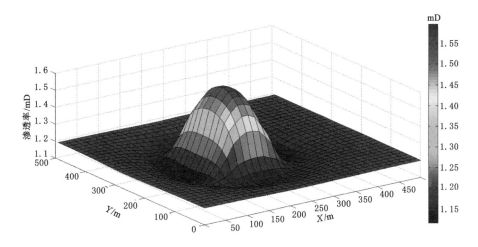

图 7-7　保护层开挖 140 m 时被保护层渗透率的分布规律

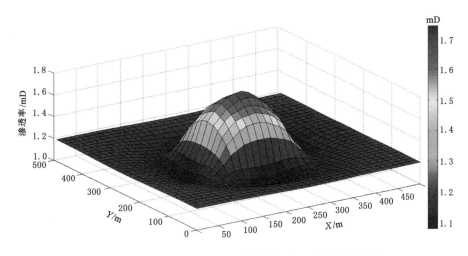

图 7-8　保护层开挖 200 m 时被保护层渗透率的分布规律

保护层渗透率的分布与三向应力的分布规律相反,且随着保护层工作面的推进,被保护层渗透率增大区的面积呈现增大趋势。

7.3　被保护层瓦斯抽采钻孔布孔方式优化

选取保护层开挖 200 m 时被保护层不同区域渗透率分布的平面图来分析被保护层渗透率的分布规律,如图 7-9 所示,被保护层按照渗透性的变化可分为原始渗透性区、渗透性减小区、渗透性增大区 1、渗透性增大区 2,其中渗透性增大区 2 的渗透性增加最大。

根据图 7-1 所示的保护层工作面与被保护层工作面的布置情况和图 7-9 所示的保护层工作面开采后被保护层渗透率的分布特征,被保护层工作面瓦斯抽采钻孔的布孔方式如图 7-10 所示。根据被保护层不同区域渗透率的分布情况,同时结合煤矿瓦斯治理经验,从被保护层工作面开切眼和停采线附近区域至工作面内部,钻孔的布孔间排距依次为 5 m×5 m,10 m×10 m,40 m×40 m。

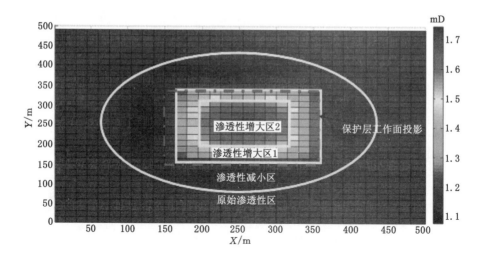

图 7-9　保护层工作面开采后被保护层渗透率分布情况

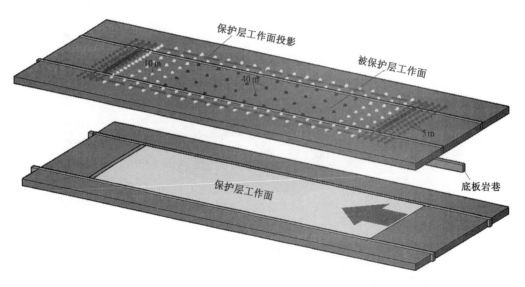

图 7-10　被保护层工作面瓦斯抽采钻孔布孔方式

7.4　被保护层工作面防突效果验证

7.4.1　现场实测被保护层膨胀变形情况

在距离被保护层工作面开切眼 70 m 左右的位置布置钻孔,采用基点法测定 C_{13} 煤层的变形,即通过深部钻孔,在煤层的顶底板岩层中分别安设测点,通过观测两个测点之间的相对位移来确定煤层的变形。保护层开采后,被保护层膨胀变形情况如图 7-11 所示,在 B_{11} 煤层开采期间,C_{13} 煤层的最大压缩变形量达 27 mm,最大膨胀变形量为 210.44 mm,最大压缩变形为 3.37‰,最大膨胀变形为 26.3‰。

由被保护层实际的膨胀变形情况可以看出,保护层开采使被保护层地应力下降,被保护层卸压效果较好。

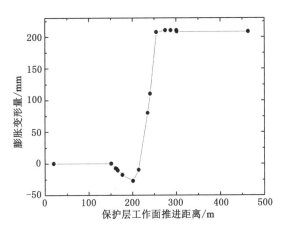

图 7-11　保护层开采过程中被保护层的膨胀变形情况

7.4.2　工作面回采过程中瓦斯参数

被保护层工作面的瓦斯抽采率在 60％ 以上,实测最大残余瓦斯压力为 0.5 MPa(小于《防治煤与瓦斯突出细则》要求的临界值 0.74 MPa)。

被保护层工作面进风巷和回风巷掘进期间局部通风量为 300～400 m³/min,回风流中的瓦斯浓度为 0.3％～0.7％,平均为 0.5％。煤巷月掘进进尺为 200 m 以上,在掘进过程中无任何动力现象显现。

被保护层工作面回采期间钻屑量的最大值小于 5.5 kg/m,低于临界值;工作面正常回采后平均产量为 5 100 t/d,相对瓦斯涌出量为 3.7～7.6 m³/t,平均为 5.0 m³/t,如图 7-12 所示。

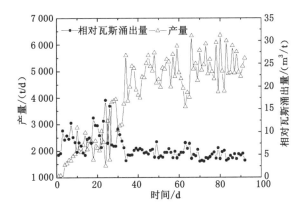

图 7-12　被保护层工作面回采期间产量与相对瓦斯涌出量的关系

被保护层工作面回采期间回风流瓦斯浓度随时间的变化如图 7-13 所示。从图 7-13 中可以看出,正常回采后工作面上隅角从未出现瓦斯浓度超限现象,回风流瓦斯浓度为0.3％～0.7％,平均为 0.5％。

综上所述,针对渗透性不同分区的煤体,采用不同的钻孔布孔方式能满足防治煤与瓦斯突出的要求。

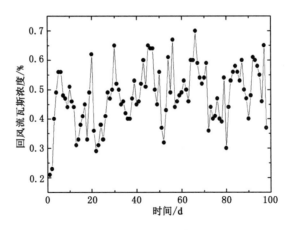

图 7-13　被保护层工作面回采期间回风流瓦斯浓度

7.5　本章小结

根据前面几章的研究结果,保护层开采后,被保护层煤体三向应力卸载,进而出现损伤、渗透性增大现象。本章主要依据前面几章获得的煤体卸载损伤过程中的渗透率模型,同时结合被保护层膨胀变形情况,分析了保护层开采过程中被保护层渗透率的分布特征,主要结论如下:

(1)根据被保护层的膨胀变形情况,同时结合卸载力学路径下渗透率的变化特征,使用Matlab 软件的逻辑函数对膨胀变形值进行判定,获得了被保护层不同区域的渗透率,随后利用surf 函数并调用 meshgrid 命令对数据进行了处理,得出了被保护层渗透率的分布特征。

(2)被保护层按照渗透性的变化可分为原始渗透性区、渗透性减小区、渗透性增大区 1、渗透性增大区 2,其中渗透性增大区 2 的渗透性增加最大。依据被保护层渗透率的分布特征,同时结合煤矿瓦斯治理经验,对被保护层瓦斯抽采钻孔进行了优化,即从被保护层工作面开切眼和停采线附近区域至工作面内部,钻孔的布孔间排距依次为 5 m×5 m,10 m×10 m,40 m×40 m。

(3)被保护层工作面实际回采过程中的瓦斯参数验证了钻孔布孔方式优化的合理性。实测被保护层最大膨胀变形为 26.3‰,被保护层工作面的瓦斯抽采率在 60% 以上。实测最大残余瓦斯压力为 0.5 MPa(小于突出临界值 0.74 MPa);进风巷与回风巷掘进期间回风流中的瓦斯浓度为 0.3%～0.7%,平均为 0.5%。煤巷月掘进进尺为 200 m 以上,在掘进过程中无任何动力现象显现。同时,工作面正常回采后上隅角从未出现瓦斯浓度超限现象。被保护层工作面回采期间钻屑量的最大值小于 5.5 kg/m,低于《防治煤与瓦斯突出细则》要求的临界值。工作面正常回采后平均产量为 5 100 t/d,相对瓦斯涌出量为 3.7～7.6 m³/t,平均为 5.0 m³/t;工作面回风流瓦斯浓度为 0.3%～0.7%,平均为 0.5%。

参 考 文 献

［1］俞启香.矿井瓦斯防治［M］.徐州：中国矿业大学出版社,1992.

［2］程远平,王海锋,王亮,等.煤矿瓦斯防治理论与工程应用［M］.徐州：中国矿业大学出版社,2010.

［3］程远平,俞启香,袁亮,等.煤与远程卸压瓦斯安全高效共采试验研究［J］.中国矿业大学学报,2004,33(2):132-136.

［4］于不凡.煤矿瓦斯灾害防治及利用技术手册［M］.北京：煤炭工业出版社,2005.

［5］中华人民共和国应急管理部,国家矿山安全监察局.煤矿安全规程［M］.北京：应急管理出版社,2022.

［6］国家煤矿安全监察局.防治煤与瓦斯突出细则［M］.北京：煤炭工业出版社,2019.

［7］程远平,俞启香.煤层群煤与瓦斯安全高效共采体系及应用［J］.中国矿业大学学报,2003,32(5):471-475.

［8］王海锋.采场下伏煤岩体卸压作用原理及在被保护层卸压瓦斯抽采中的应用［D］.徐州：中国矿业大学,2008.

［9］刘海波,程远平,宋建成,等.极薄保护层钻采上覆煤层透气性变化及分布规律［J］.煤炭学报,2010,35(3):411-416.

［10］王亮.巨厚火成岩下远程卸压煤岩体裂隙演化与渗流特征及在瓦斯抽采中的应用［D］.徐州：中国矿业大学,2010.

［11］刘洪永.远程采动煤岩体变形与卸压瓦斯流动气固耦合动力学模型及其应用研究［D］.徐州：中国矿业大学,2010.

［12］李伟,程远平,王君得,等.特厚突出煤层上保护层开采及卸压瓦斯抽采［J］.煤矿安全,2011,42(3):37-39.

［13］练友红.祁南矿上保护层开采卸压瓦斯抽采技术［J］.煤矿安全,2010,41(7):33-35.

［14］高峰,许爱斌,周福宝.保护层开采过程中煤岩损伤与瓦斯渗透性的变化研究［J］.煤炭学报,2011,36(12):1979-1984.

［15］胡国忠,王宏图,李晓红,等.急倾斜俯伪斜上保护层开采的卸压瓦斯抽采优化设计［J］.煤炭学报,2009,34(1):9-14.

［16］张拥军,于广明,路世豹,等.近距离上保护层开采瓦斯运移规律数值分析［J］.岩土力学,2010,31(增刊1):398-404.

［17］国家煤矿安全监察局.保护层开采技术规范：AQ 1050—2008［S］.北京：煤炭工业出版社,2008.

［18］PALCHIK V. Analytical and empirical prognosis of rock foliation in rock masses［J］. Journal of coal Ukraine,1989,7:45-46.

[19] KARACAN C Ö,ESTERHUIZEN G S,SCHATZEL S J,et al. Reservoir simulation-based modeling for characterizing longwall methane emissions and gob gas venthole production[J]. International journal of coal geology,2007,71(2/3):225-245.

[20] 钱鸣高,许家林.覆岩采动裂隙分布的"O"形圈特征研究[J].煤炭学报,1998,23(5):466-469.

[21] PALCHIK V. Formation of fractured zones in overburden due to longwall mining[J]. Environmental geology,2003,44:28-38.

[22] 刘泽功,袁亮,戴广龙,等.采场覆岩裂隙特征研究及在瓦斯抽放中应用[J].安徽理工大学学报(自然科学版),2004,24(4):10-15.

[23] 赵保太,林柏泉,林传兵.三软不稳定煤层覆岩裂隙演化规律实验[J].采矿与安全工程学报,2007,24(2):199-202.

[24] 杨科,谢广祥.采动裂隙分布及其演化特征的采厚效应[J].煤炭学报,2008,33(10):1092-1096.

[25] 孙凯民,许德岭,杨昌能,等.利用采场覆岩裂隙研究优化采空区瓦斯抽放参数[J].采矿与安全工程学报,2008,25(3):366-370.

[26] 林海飞,李树刚,成连华,等.覆岩采动裂隙带动态演化模型的实验分析[J].采矿与安全工程学报,2011,28(2):298-303.

[27] GUO H,YUAN L,SHEN B T,et al. Mining-induced strata stress changes,fractures and gas flow dynamics in multi-seam longwall mining[J]. International journal of rock mechanics and mining sciences,2012,54:129-139.

[28] LIU Y K,ZHOU F B,LIU L,et al. An experimental and numerical investigation on the deformation of overlying coal seams above double-seam extraction for controlling coal mine methane emissions[J]. International journal of coal geology,2011,87(2):139-149.

[29] 涂敏.潘谢矿区采动岩体裂隙发育高度的研究[J].煤炭学报,2004,29(6):641-645.

[30] 王国艳,于广明,于永江,等.采动岩体裂隙分维演化规律分析[J].采矿与安全工程学报,2012,29(6):859-863.

[31] 张玉军,李凤明.高强度综放开采采动覆岩破坏高度及裂隙发育演化监测分析[J].岩石力学与工程学报,2011,30(增1):2994-3001.

[32] 张玉军,张华兴,陈佩佩.覆岩及采动岩体裂隙场分布特征的可视化探测[J].煤炭学报,2008,33(11):1216-1219.

[33] MAJDI A,HASSANI F P,NASIRI M Y. Prediction of the height of destressed zone above the mined panel roof in longwall coal mining[J]. International journal of coal geology,2012,98:62-72.

[34] YANG T H,XU T,LIU H Y,et al. Stress-damage-flow coupling model and its application to pressure relief coal bed methane in deep coal seam[J]. International journal of coal geology,2011,86(4):357-366.

[35] 弓培林,靳钟铭,魏锦平.放顶煤开采煤体裂隙演化规律实验研究[J].太原理工大学学报,1999,30(2):119-123.

[36] 于广明,谢和平,周宏伟,等.结构化岩体采动裂隙分布规律与分形性实验研究[J].实验力学,1998,13(2):145-154.

[37] 李振华,丁鑫品,程志恒.薄基岩煤层覆岩裂隙演化的分形特征研究[J].采矿与安全工程学报,2010,27(4):576-580.

[38] 哈秋舲.岩石边坡工程与卸荷非线性岩石(体)力学[J].岩石力学与工程学报,1997,16(4):386-391.

[39] 哈秋舲.长江三峡工程岩石边坡卸荷岩体工程地质研究:永久船闸陡高边坡岩体力学[M].北京:中国建筑工业出版社,1997.

[40] 哈秋舲,张永兴.岩石边坡工程:长江三峡工程永久船闸岩石陡高边坡稳定与控制研究[M].重庆:重庆大学出版社,1997.

[41] 吴刚,孙钧,吴中如.复杂应力状态下完整岩体卸荷破坏的损伤力学分析[J].河海大学学报(自然科学版),1997,25(3):44-49.

[42] 黄润秋,黄达.卸荷条件下岩石变形特征及本构模型研究[J].地球科学进展,2008,23(5):441-447.

[43] 邱士利,冯夏庭,张传庆,等.不同卸围压速率下深埋大理岩卸荷力学特性试验研究[J].岩石力学与工程学报,2010,29(9):1807-1817.

[44] 吴玉山,李纪鼎.大理岩卸载力学特性的研究[J].岩土力学,1984,5(1):29-36.

[45] 李宏哲,夏才初,闫子舰,等.锦屏水电站大理岩在高应力条件下的卸荷力学特性研究[J].岩石力学与工程学报,2007,26(10):2104-2109.

[46] 尹光志,李贺,鲜学福,等.工程应力变化对岩石强度特性影响的试验研究[J].岩土工程学报,1987,9(2):20-28.

[47] 安泰龙,茅献彪,孙凤娟.卸荷速率对岩石强度影响的试验研究[J].力学与实践,2009,31(6):21-24.

[48] 吴刚.岩体在加、卸荷条件下破坏效应的对比分析[J].岩土力学,1997,18(2):13-16.

[49] MIAO J L,JIA X N,CHENG C. The failure characteristics of granite under true triaxial unloading condition[J]. Procedia engineering,2011,26:1620-1625.

[50] 陶履彬,夏才初,陆益鸣.三峡工程花岗岩卸荷全过程特性的试验研究[J].同济大学学报(自然科学版),1998,26(3):330-334.

[51] 黄润秋,黄达.卸荷条件下花岗岩力学特性试验研究[J].岩石力学与工程学报,2008,27(11):2205-2213.

[52] 吕颖慧,刘泉声,胡云华.基于花岗岩卸荷试验的损伤变形特征及其强度准则[J].岩石力学与工程学报,2009,28(10):2096-2103.

[53] 何江达,谢红强,范景伟,等.卸载岩体脆弹塑性模型在高边坡开挖分析中的应用[J].岩石力学与工程学报,2004,23(7):1082-1086.

[54] 沈军辉,王兰生,王青海,等.卸荷岩体的变形破裂特征[J].岩石力学与工程学报,2003,22(12):2028-2031.

[55] 李天斌,王兰生.卸荷应力状态下玄武岩变形破坏特征的试验研究[J].岩石力学与工程学报,1993,12(4):321-327.

[56] 王在泉,张黎明,孙辉,等.不同卸荷速度条件下灰岩力学特性的试验研究[J].岩土力

学,2011,32(4):1045-1050,1277.

[57] 吴刚,孙钧.卸荷应力状态下裂隙岩体的变形和强度特性[J].岩石力学与工程学报,1998,17(6):615-621.

[58] 张宏博,宋修广,黄茂松,等.不同卸荷应力路径下岩体破坏特征试验研究[J].山东大学学报(工学版),2007,37(6):83-86.

[59] XIE H Q,HE C H.Study of the unloading characteristics of a rock mass using the triaxial test and damage mechanics[J].International journal of rock mechanics and mining sciences,2004,41(3):366.

[60] 祝捷,姜耀东,赵毅鑫,等.加卸荷同时作用下煤样渗透性的试验研究[J].煤炭学报,2010,35(增1):76-80.

[61] 尹光志,蒋长宝,王维忠,等.不同卸围压速度对含瓦斯煤岩力学和瓦斯渗流特性影响试验研究[J].岩石力学与工程学报,2011,30(1):68-77.

[62] 吕有厂,秦虎.含瓦斯煤岩卸围压力学特性及能量耗散分析[J].煤炭学报,2012,37(9):1505-1510.

[63] 蒋长宝,尹光志,黄启翔,等.含瓦斯煤岩卸围压变形特征及瓦斯渗流试验[J].煤炭学报,2011,36(5):802-807.

[64] 蒋长宝,黄滚,黄启翔.含瓦斯煤多级式卸围压变形破坏及渗透率演化规律实验[J].煤炭学报,2011,36(12):2039-2042.

[65] 赵洪宝,王家臣.卸围压时含瓦斯煤力学性质演化规律试验研究[J].岩土力学,2011,32(增刊1):270-274.

[66] 黄启翔,尹光志,姜永东.地应力场中煤岩卸围压过程力学特性试验研究及瓦斯渗透特性分析[J].岩石力学与工程学报,2010,29(8):1639-1648.

[67] 刘保县,李东凯,赵宝云.煤岩卸荷变形损伤及声发射特性[J].土木建筑与环境工程,2009,31(2):57-61.

[68] 苏承东,高保彬,南华,等.不同应力路径下煤样变形破坏过程声发射特征的试验研究[J].岩石力学与工程学报,2009,28(4):757-766.

[69] 尹光志,王浩,张东明.含瓦斯煤卸围压蠕变试验及其理论模型研究[J].煤炭学报,2011,36(12):1963-1967.

[70] 邓涛.含瓦斯煤岩卸围压实验及上解放层解放范围的研究[D].重庆:重庆大学,2012.

[71] 何峰,王来贵,王振伟,等.煤岩蠕变-渗流耦合规律实验研究[J].煤炭学报,2011,36(6):930-933.

[72] 刘京红,姜耀东,赵毅鑫.声发射及CT在煤岩体裂纹扩展实验中的应用进展[J].金属矿山,2008(10):13-15.

[73] 葛修润,任建喜,蒲毅彬,等.煤岩三轴细观损伤演化规律的CT动态试验[J].岩石力学与工程学报,1999,18(5):497-502.

[74] 仵彦卿,曹广祝,王殿武.基于X-射线CT方法的岩石小裂纹扩展过程分析[J].应用力学学报,2005,22(3):484-490.

[75] 杨更社,谢定义,张长庆,等.煤岩体损伤特性的CT检测[J].力学与实践,1996,18(2):19-20.

[76] 杨更社,孙钧,谢定义,等.岩石材料损伤变量与 CT 数间的关系分析[J].力学与实践, 1998,20(4):47-49.

[77] 杨更社,谢定义,张长庆.岩石损伤 CT 数分布规律的定量分析[J].岩石力学与工程学 报,1998,17(3):279-280.

[78] 杨更社,谢定义,张长庆,等.岩石损伤扩展力学特性的 CT 分析[J].岩石力学与工程 学报,1999,18(3):250-254.

[79] 杨更社,谢定义,张长庆,等.岩石损伤特性的 CT 识别[J].岩石力学与工程学报, 1996,15(1):48-54.

[80] 葛修润,任建喜,蒲毅彬,等.岩石细观损伤扩展规律的 CT 实时试验[J].中国科学(E 辑),2000(2):104-111.

[81] 任建喜,罗英,刘文刚,等.CT 检测技术在岩石加卸载破坏机理研究中的应用[J].冰川 冻土,2002,24(5):672-675.

[82] 任建喜,葛修润,蒲毅彬,等.岩石卸荷损伤演化机理 CT 实时分析初探[J].岩石力学 与工程学报,2000,19(6):697-701.

[83] 尹小涛,王水林,党发宁,等.CT 实验条件下砂岩破裂分形特性研究[J].岩石力学与工 程学报,2008,27(增 1):2721-2726.

[84] 程展林,左永振,丁红顺.CT 技术在岩土试验中的应用研究[J].长江科学院院报, 2011,28(3):33-38.

[85] ZHOU X P, ZHANG Y X, HA Q L. Real-time computerized tomography (CT) experiments on limestone damage evolution during unloading[J]. Theoretical and applied fracture mechanics,2008,50(1):49-56.

[86] FENG X T, CHEN S L, ZHOU H. Real-time computerized tomography (CT) experiments on sandstone damage evolution during triaxial compression with chemical corrosion[J]. International journal of rock mechanics and mining sciences, 2004,41(2):181-192.

[87] 李廷春,吕海波,王辉.单轴压缩载荷作用下双裂隙扩展的 CT 扫描试验[J].岩土力 学,2010,31(1):9-14.

[88] 丁卫华,仵彦卿,蒲毅彬,等.低应变率下岩石内部裂纹演化的 X 射线 CT 方法[J].岩 石力学与工程学报,2003,22(11):1793-1797.

[89] 毛灵涛,安里千,王志刚,等.煤样力学特性与内部裂隙演化关系 CT 实验研究[J].辽 宁工程技术大学学报(自然科学版),2010,29(3):408-411.

[90] 刘小红,晏鄂川,朱杰兵,等.三轴加卸载条件下岩石损伤破坏机理 CT 试验分析[J]. 长江科学院院报,2010,27(12):42-46,51.

[91] 仵彦卿,丁卫华,曹广祝.岩石单轴与三轴 CT 尺度裂纹演化过程观测[J].西安理工大 学学报,2003,19(2):115-119.

[92] PONE J D N,HILE M,HALLECK P M. Three-dimensional carbon dioxide-induced strain distribution within a confined bituminous coal[J]. International journal of coal geology,2009,77(1/2):103-108.

[93] MAZUMDER S, WOLF K H A A, ELEWAUT K, et al. Application of X-ray

computed tomography for analyzing cleat spacing and cleat aperture in coal samples [J]. International journal of coal geology,2006,68(3/4):205-222.

[94] KARACAN C Ö, OKANDAN E. Adsorption and gas transport in coal microstructure:investigation and evaluation by quantitative X-ray CT imaging[J]. Fuel,2001,80(4):509-520.

[95] YAO Y B,LIU D M,CHE Y,et al. Non-destructive characterization of coal samples from China using microfocus X-ray computed tomography[J]. International journal of coal geology,2009,80(2):113-123.

[96] WONG R H C,CHAU K T. Crack coalescence in a rock-like material containing two cracks[J]. International journal of rock mechanics and mining sciences,1998,35(2): 147-164.

[97] BOBET A,EINSTEIN H H. Fracture coalescence in rock-type materials under uniaxial and biaxial compression[J]. International journal of rock mechanics and mining sciences,1998,35(7):863-888.

[98] SAGONG M,BOBET A. Coalescence of multiple flaws in a rock-model material in uniaxial compression[J]. International journal of rock mechanics and mining sciences, 2002,39(2):229-241.

[99] JR MISHNAEVSKY L L, LIPPMANN N, SCHMAUDER S, et al. In-situ observation of damage evolution and fracture in $AlSi_7Mg_{0.3}$ cast alloys [J]. Engineering fracture mechanics,1999,63(4):395-411.

[100] ASHBY M F,HALLAM S D. The failure of brittle solids containing small cracks under compressive stress states[J]. Acta metallurgica,1986,34(3):497-510.

[101] HORII H,NEMAT-NASSER S. Compression-induced microcrack growth in brittle solids:axial splitting and shear failure[J]. Journal of geophysical research,1985, 90(B4):3105-3125.

[102] PARK C H,BOBET A. Crack initiation,propagation and coalescence from frictional flaws in uniaxial compression[J]. Engineering fracture mechanics,2010,77(14): 2727-2748.

[103] WONG L N Y,EINSTEIN H H. Systematic evaluation of cracking behavior in specimens containing single flaws under uniaxial compression [J]. International journal of rock mechanics and mining sciences,2009,46(2):239-249.

[104] LOCKNER D. The role of acoustic emission in the study of rock fracture[J]. International journal of rock mechanics and mining sciences & geomechanics abstracts,1993,30(7):883-899.

[105] BLAKE W. Microseismic applications for mining:a practical guide[R]. Washington: Bureau of Mines,1982.

[106] 李庶林,尹贤刚,王泳嘉,等.单轴受压岩石破坏全过程声发射特征研究[J].岩石力学与工程学报,2004,23(15):2499-2503.

[107] 纪洪广,蔡美峰.混凝土材料断裂过程中声发射空间自组织演化特征及其在结构失稳

预报中的应用[J].土木工程学报,2001,34(5):15-19.

[108] 王恩元,何学秋,刘贞堂,等.煤体破裂声发射的频谱特征研究[J].煤炭学报,2004,29(3):289-292.

[109] 赵洪宝,尹光志.含瓦斯煤声发射特性试验及损伤方程研究[J].岩土力学,2011,32(3):667-671.

[110] 刘向峰,汪有刚.声发射能量累积与煤岩损伤演化关系初探[J].辽宁工程技术大学学报(自然科学版),2011,30(1):1-4.

[111] 吴刚,赵震洋.不同应力状态下岩石类材料破坏的声发射特性[J].岩土工程学报,1998,20(2):82-85.

[112] 徐涛,杨天鸿,唐春安,等.孔隙压力作用下煤岩破裂及声发射特性的数值模拟[J].岩土力学,2004,25(10):1560-1564.

[113] 文光才,杨慧明,邹银辉.含瓦斯煤体声发射应力波传播规律理论研究[J].煤炭学报,2008,33(3):295-298.

[114] 杨永杰.煤岩强度、变形及微震特征的基础试验研究[D].青岛:山东科技大学,2006.

[115] 刘保县,黄敬林,王泽云,等.单轴压缩煤岩损伤演化及声发射特性研究[J].岩石力学与工程学报,2009,28(增1):3234-3238.

[116] 李东印,王文,李化敏,等.重复加-卸载条件下大尺寸煤样的渗透性研究[J].采矿与安全工程学报,2010,27(1):121-125.

[117] 高保彬.采动煤岩裂隙演化及其透气性能试验研究[D].北京:北京交通大学,2010.

[118] 来兴平,吕兆海,张勇,等.不同加载模式下煤样损伤与变形声发射特征对比分析[J].岩石力学与工程学报,2008,27(增2):3521-3527.

[119] FENG X T,DING W X. Experimental study of limestone micro-fracturing under a coupled stress, fluid flow and changing chemical environment [J]. International journal of rock mechanics and mining sciences,2007,44(3):437-448.

[120] 唐春安,黄明利,张国民,等.岩石介质中多裂纹扩展相互作用及其贯通机制的数值模拟[J].地震,2001,21(2):53-58.

[121] 谢和平,钱平皋.大理岩微孔隙演化的分形特征[J].力学与实践,1995,17(1):50-52,60.

[122] 石强,潘一山.煤体内部裂隙和流体通道分析的核磁共振成像方法研究[J].煤矿开采,2005,10(6):6-9.

[123] 孙培德.变形过程中煤样渗透率变化规律的实验研究[J].岩石力学与工程学报,2001,20(增):1801-1804.

[124] HARPALANI S,CHEN G L. Influence of gas production induced volumetric strain on permeability of coal[J]. Geotechnical and geological engineering,1997,15(4):303-325.

[125] 谭学术,鲜学福,张广洋,等.煤的渗透性研究[J].西安矿业学院学报,1994(1):22-25.

[126] 刘静波,赵阳升,胡耀青,等.剪应力对煤体渗透性影响的研究[J].岩土工程学报,2009,31(10):1631-1635.

[127] 张金才,王建学.岩体应力与渗流的耦合及其工程应用[J].岩石力学与工程学报, 2006,25(10):1981-1989.

[128] PENG S J,XU J,YANG H W,et al. Experimental study on the influence mechanism of gas seepage on coal and gas outburst disaster[J]. Safety science,2012,50(4):816-821.

[129] 石必明,刘健,俞启香.型煤渗透特性试验研究[J].安徽理工大学学报(自然科学版), 2007,27(1):5-8.

[130] 杨天鸿,徐涛,冯启言,等.脆性岩石破裂过程渗透性演化试验[J].东北大学学报, 2003,24(10):974-977.

[131] SOMERTON W H, SÖYLEMEZOĞLU I M, DUDLEY R C. Effect of stress on permeability of coal[J]. International journal of rock mechanics and mining sciences & geomechanics abstracts,1975,12(5/6):129-145.

[132] 李树刚,徐精彩.软煤样渗透特性的电液伺服试验研究[J].岩土工程学报,2001, 23(1):68-70.

[133] 尹光志,李晓泉,赵洪宝,等.地应力对突出煤瓦斯渗流影响试验研究[J].岩石力学与工程学报,2008,27(12):2557-2561.

[134] 赵阳升,胡耀青,杨栋,等.三维应力下吸附作用对煤岩体气体渗流规律影响的实验研究[J].岩石力学与工程学报,1999,18(6):651-653.

[135] 李顺才,缪协兴,陈占清,等.承压破碎岩石非 Darcy 渗流的渗透特性试验研究[J].工程力学,2008,25(4):85-92.

[136] 杨永杰,宋扬,陈绍杰.煤岩全应力应变过程渗透性特征试验研究[J].岩土力学, 2007,28(2):381-385.

[137] 曹树刚,李勇,郭平,等.型煤与原煤全应力-应变过程渗流特性对比研究[J].岩石力学与工程学报,2010,29(5):899-906.

[138] DURUCAN S,EDWARDS J S. The effects of stress and fracturing on permeability of coal[J]. Mining science and technology,1986,3(3):205-216.

[139] 陈祖安,伍向阳,孙德明,等.砂岩渗透率随静压力变化的关系研究[J].岩石力学与工程学报,1995,14(2):155-159.

[140] WANG S G,ELSWORTH D,LIU J S. Permeability evolution during progressive deformation of intact coal and implications for instability in underground coal seams [J]. International journal of rock mechanics and mining sciences,2013,58:34-45.

[141] KHODOT V V. Role of methane in the stress state of a coal seam[J]. Soviet mining,1980,16(5):460-466.

[142] HARPALANI S, MCPHERSON M J. The effect of gas evacuation on coal permeability test specimens[J]. International journal of rock mechanics and mining sciences & geomechanics abstracts,1984,21(3):161-164.

[143] MERCER R A,BAWDEN W F. A statistical approach for the integrated analysis of mine-induced seismicity and numerical stress estimates, a case study: part I: developing the relations[J]. International journal of rock mechanics and mining sciences,2005,42(1):47-72.

[144] AGUADO M B D,NICIEZA C G. Control and prevention of gas outbursts in coal mines,Riosa-Olloniego coalfield,Spain[J]. International journal of coal geology,2007,69:253-266.

[145] JASINGE D,RANJITH P G,CHOI S K. Effects of effective stress changes on permeability of Latrobe valley brown coal[J]. Fuel,2011,90(3):1292-1300.

[146] JASINGE D, RANJITH P G, CHOI S K, et al. Mechanical properties of reconstituted Australian black coal[J]. Journal of geotechnical and geoenvironmental engineering,2009,135(7):980-985.

[147] 张东明,胡千庭,袁地镜.成型煤样瓦斯渗流的实验研究[J].煤炭学报,2011,36(2):288-292.

[148] 袁梅,李波波,许江,等.不同瓦斯压力条件下含瓦斯煤的渗透特性试验研究[J].煤矿安全,2011,42(3):1-4.

[149] 胡国忠,王宏图,范晓刚,等.低渗透突出煤的瓦斯渗流规律研究[J].岩石力学与工程学报,2009,28(12):2527-2534.

[150] 蒋长宝,尹光志,李晓泉,等.突出煤型煤全应力-应变全程瓦斯渗流试验研究[J].岩石力学与工程学报,2010,29(增2):3482-3487.

[151] PERERA M S A,RANJITH P G,CHOI S K,et al. Investigation of temperature effect on permeability of naturally fractured black coal for carbon dioxide movement:an experimental and numerical study[J]. Fuel,2012,94:596-605.

[152] HUY P Q,SASAKI K,SUGAI Y,et al. Carbon dioxide gas permeability of coal core samples and estimation of fracture aperture width[J]. International journal of coal geology,2010,83(1):1-10.

[153] 胡耀青,赵阳升,杨栋,等.煤体的渗透性与裂隙分维的关系[J].岩石力学与工程学报,2002,21(10):1452-1456.

[154] 李祥春,郭勇义,吴世跃.煤吸附膨胀变形与孔隙率、渗透率关系的分析[J].太原理工大学学报,2005,36(3):264-266.

[155] 涂敏,付宝杰,缪协兴.卸压开采损伤煤岩气体渗透率试验研究[J].实验力学,2012,27(2):249-253.

[156] GRAY I. Reservoir engineering in coal seams:part 1:the physical process of gas storage and movement in coal seams[J]. SPE reservoir engineering,1987,2(1):28-34.

[157] SAWYER W K,ZUBER M D,KUUSKRAA V A,et al. Using reservoir simulation and field data to define mechanisms controlling coalbed methane production[C]// Proceedings of the 1987 Coalbed Methane Symposium,Alabama,1987:295-307.

[158] SAWYER W K,PAUL G W,SCHRAUFNAGEL R A. Development and application of a 3-D coalbed simulator[C]//PETSOC Annual Technical Meeting,Calgary,1990.

[159] 林柏泉,周世宁.煤样瓦斯渗透率的实验研究[J].中国矿业学院学报,1987(1):21-28.

[160] 靳钟铭,赵阳升,贺军,等.含瓦斯煤层力学特性的实验研究[J].岩石力学与工程学

报,1991,10(3):271-280.

[161] PALMER I,MANSOORI J. How permeability depends on stress and pore pressure in coalbeds:a new model[J]. SPE reservoir evaluation and engineering,1998,1(6): 539-544.

[162] 胡耀青,赵阳升,魏锦平,等. 三维应力作用下煤体瓦斯渗透规律实验研究[J]. 西安矿业学院学报,1996,16(4):308-311.

[163] SHI J Q,DURUCAN S. Drawdown induced changes in permeability of coalbeds:a new interpretation of the reservoir response to primary recovery[J]. Transport in porous media,2004,56(1):1-16.

[164] SHI J Q,DURUCAN S. A model for changes in coalbed permeability during primary and enhanced methane recovery[J]. SPE reservoir evaluation and engineering,2005, 8(4):291-299.

[165] CUI X J,BUSTIN R M. Volumetric strain associated with methane desorption and its impact on coalbed gas production from deep coal seams[J]. AAPG bulletin,2005, 89(9):1181-1202.

[166] CUI X J,BUSTIN R M,CHIKATAMARLA L. Adsorption-induced coal swelling and stress:implications for methane production and acid gas sequestration into coal seams[J]. Journal of geophysical research solid earth,2007,112(B10):B10202.

[167] GRIFFITH A A. The phenomena of rupture and flow in solids[J]. Philosophical transactions of the royal society of London,1921,221:163-198.

[168] 李银平,杨春和. 裂纹几何特征对压剪复合断裂的影响分析[J]. 岩石力学与工程学报,2006,25(3):462-466.

[169] 黄达,金华辉,黄润秋. 拉剪应力状态下岩体裂隙扩展的断裂力学机制及物理模型试验[J]. 岩土力学,2011,32(4):997-1002.

[170] 吴刚. 工程岩体卸荷破坏机制研究的现状及展望[J]. 工程地质学报,2001,9(2): 174-181.

[171] 尤明庆. 岩样三轴压缩的破坏形式和 Coulomb 强度准则[J]. 地质力学学报,2002, 8(2):179-185.

[172] BRACE W F,WALSH J B,FRANGOS W T. Permeability of granite under high pressure[J]. Journal of geophysical research,1968,73(6):2225-2236.

[173] EVANS B,WONG T F. Fault mechanics and transport properties of rocks:a festschrift in honor of W. F. Brace[M]. Amsterdam:Elsevier,1992.

[174] WANG S G,ELSWORTH D,LIU J S. Permeability evolution in fractured coal:the roles of fracture geometry and water-content [J]. International journal of coal geology,2011,87(1):13-25.

[175] 尹光志,王登科,张东明,等. 两种含瓦斯煤样变形特性与抗压强度的实验分析[J]. 岩石力学与工程学报,2009,28(2):410-417.

[176] KLINKENBERG L J. The permeability of porous media to liquids and gases[J]. Production practice,1941:200-213.

［177］ KACHANOV L M. Time of the rupture process under creep condition［J］. Izvestia akademii nauk SSSR，otdelenie teknicheskich nauk，1958，23：26-31.

［178］刘豆豆. 高地应力下岩石卸载破坏机理及其应用研究［D］. 济南：山东大学，2008.

［179］ GOLF-RACHT T V. Fundamentals of fractured reservoir engineering ［M］. Amsterdam：Elsevier，1982.

［180］ BAI M，ELSWORTH D. Coupled processes in subsurface deformation，flow，and transport［M］.［S. l. ：s. n. ］，2000.

［181］ WOLD M B，CONNELL L D，CHOI S K. The role of spatial variability in coal seam parameters on gas outburst behaviour during coal mining［J］. International journal of coal geology，2008，75(1)：1-14.

［182］ PAN Z J，CONNELL L D. Modelling permeability for coal reservoirs：a review of analytical models and testing data［J］. International journal of coal geology，2012，92：1-44.

［183］徐献芝，李培超，李传亮. 多孔介质有效应力原理研究［J］. 力学与实践，2001，23(4)：42-45.